美丽的菠萝花

奢华的菠萝花台布

①直径120cm　钩织方法74页

设计/平田园江

1

2

3

②直径27cm　钩织方法73页　设计/细野千津子
③直径25cm　钩织方法76页　设计/铃木阳子
④直径29cm　钩织方法77页　设计/细野千津子

可爱的菠萝花蕾丝垫

美丽的菠萝花蕾丝垫

⑤直径38cm　钩织方法78页　设计/佐藤真弓
⑥直径33cm　钩织方法79页　设计/铃木阳子

5

6

10克线织成的迷你蕾丝垫

10克线织成的可爱蕾丝垫

⑦直径20cm 钩织方法80页 ⑧直径24cm 钩织方法81页 ⑨直径21.5cm 钩织方法82页 ⑦~⑨设计/小泽喜美子
⑩直径20cm 钩织方法83页 ⑪直径23cm 钩织方法84页 ⑫直径17cm 钩织方法85页 ⑩~⑫ 设计/一井贵久子

7	
8	9

10	12
11	

10克线织成的可爱蕾丝垫

	14
13	15

16	18
	17

⑬直径24cm 钩织方法86页 ⑭17cm×17cm 钩织方法87页 ⑮直径22cm 钩织方法88页
⑯直径20cm 钩织方法89页 ⑰直径19.5cm 钩织方法90页 ⑱直径20cm 钩织方法10页 ⑬～⑰设计/佐藤真弓

18

9页作品

★材料　DARUMA蕾丝线金标40号 白色（298）10g

★工具　CLOVER蕾丝针8号

★成品尺寸　直径20cm

★钩织要点　第1行…环形起针，重复8次钩织“2针长针（含立织的针目）、3针锁针”。第2行…钩织2针引拔针、立织1针锁针，之后重复钩织“1针短针、13针锁针、1针短针、1针锁针、3针锁针的引拔狗牙针、1针锁针”。第3行…钩织5针引拔针，重复钩织“7针长针、5针锁针”。第4行…重复钩织“长针5针并1针、5针锁针、1针短针、11针锁针、1针短针、5针锁针”。第5行…重复钩织“1针短针、5针锁针、3次‘1针长针、2针锁针’、1针长针、5针锁针”。第6行以后通过增减长针和锁针进行钩织，第17行钩织3针锁针的引拔狗牙针，完成作品。

19

12页作品

★材料　DARUMA蕾丝线金标40号 绿色、浅紫色、黄色、蓝色、带雪花点的粉红色（702）10g，密织平纹棉布 白色13cm×13cm

★工具　CLOVER蕾丝针8号

★成品尺寸　直径25cm

★钩织要点　将密织平纹棉布裁成直径为13cm的圆形，四周的折边为5mm。第1行…每个地方挑2针短针，一圈共挑280针。第2行…立织3针锁针（以下相同）、2针长针，重复钩织“9次‘2针锁针、1针长针’、2针锁针、3针长针、3针锁针、3针长针、4次‘3针锁针、1针短针、3针锁针、1针长针’、3针锁针、1针短针、3针锁针”，最后钩织3针长针、1针锁针、1针中长针。第3～10行在8处加针，钩织方眼花样，第6行织入4针长针的爆米花针。终点行钩织3针长针的枣形针，完成作品。

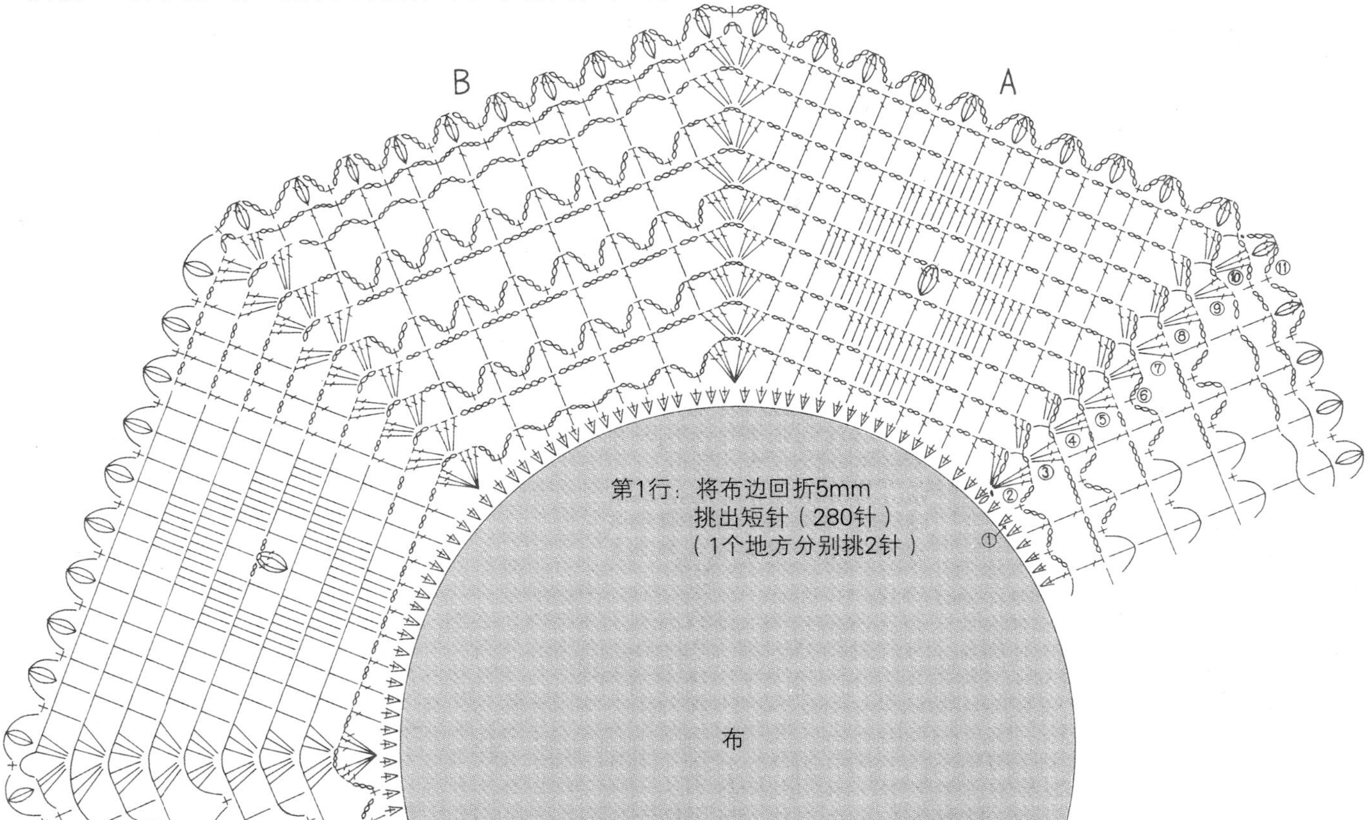

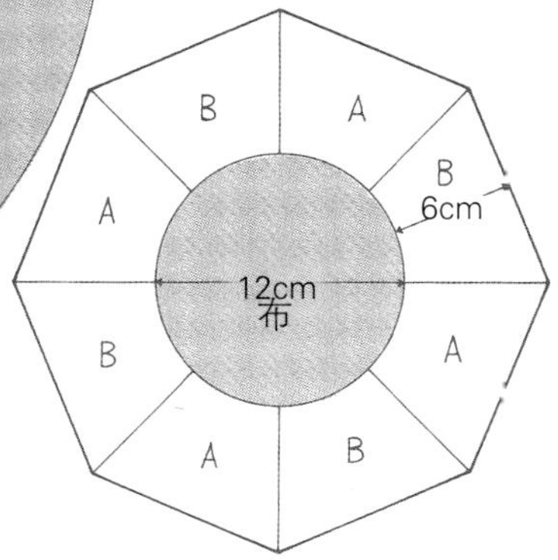

★爆米花针参照15页

⑲直径25cm 钩织方法11页 ⑳直径24cm 钩织方法14页
㉑直径21cm 钩织方法15页 ⑲～㉑设计/铃木阳子

10克线的彩色蕾丝垫

自由变化的蕾丝垫

㉒ 直径21cm　㉓ 直径39cm　钩织方法91页　设计/泉清香

20

12页作品

★**材料**　DARUMA蕾丝线40号 亮蓝色（7）10g

★**工具**　CLOVER蕾丝针8号

★**成品尺寸**　直径24cm

★**钩织要点**　钩织8针锁针环形起针。第1行…立织3针锁针（以下要领相同），钩织15针长针。第2行…重复钩织1针长针和2针锁针。第3行…重复钩织“1针短针、9针锁针、在与之前的短针同一格内织1针短针、3针锁针”，织成海星的形状。第4行…在前一行9针的锁针中织7针长针、3针锁针、7针长针，在前一行3针的锁针上钩织1针短针固定。断线。第5行…接线后开始钩织。第9～13行钩织长针2针并1针。终点行钩织3针锁针的引拔狗牙针，完成作品。

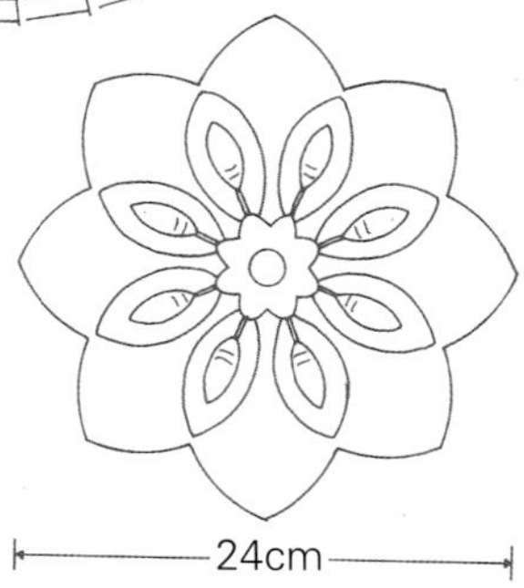

21

12页作品

★**材料**　DARUMA蕾丝线金标40号　有雪花点的亮绿色、蓝色和驼色（703）10g

★**工具**　CLOVER蕾丝针8号

★**成品尺寸**　直径21cm

★**钩织要点**　第1行…环形起针，立织3针锁针，钩织23针长针。第2行…重复钩织2针长针并1针和1针锁针。第3行…重复钩织“3针锁针、1针短针”，最后钩织1针锁针和1针中长针进入下一行。第4行、5行增加锁针的针数进行钩织。第6行钩织11针长针的松叶针，之后虽然钩织方法相同，但第17行一边要在▼标记处钩织小花花片，一边连续钩织网眼针。终点行钩织8针网眼针，完成作品。

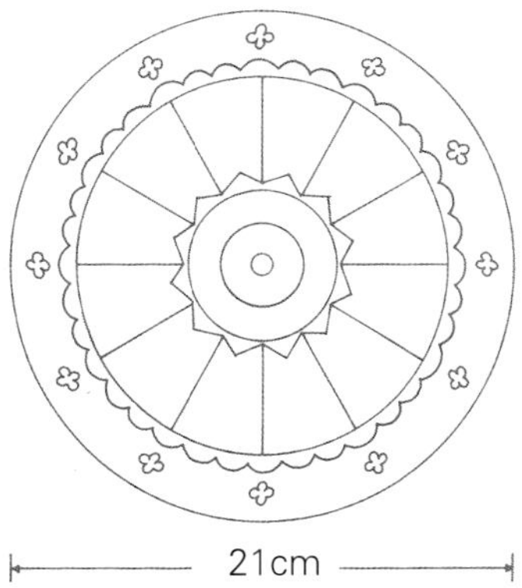

小花的钩织方法　第17行

先钩织▼标记处的短针，再钩织小花，然后继续钩织网眼针

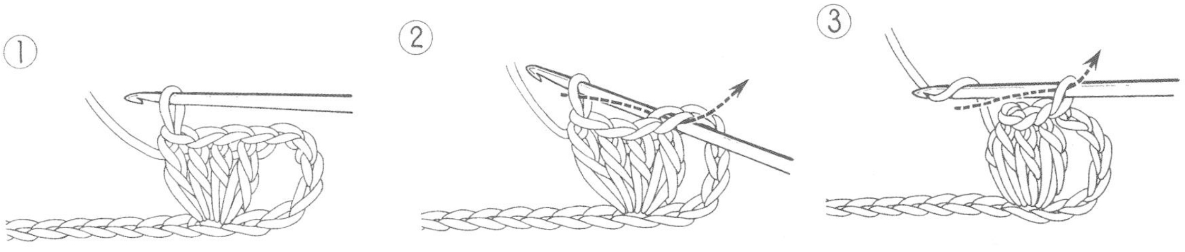

4针长针的爆米花针

㉔直径20cm 钩织方法18页 ㉕直径28cm 钩织方法19页 ㉔、㉕设计/佐藤真弓

自由变化的蕾丝垫

24

16页作品

★**材料** DARUMA蕾丝线金标40号 白色（298）10g

★**工具** CLOVER蕾丝针8号

★**成品尺寸** 直径20cm

★**钩织要点** 环形起针，第1行…钩织16针短针。第2行…重复8次钩织“1针短针、5针锁针”。第3行…钩织2针引拔针，重复钩织“2针长针、3针锁针、2针长针”。第4～8行增加长针的针数进行钩织。从第9行开始按照下图符号所示进行钩织，第14行钩织短针的条纹针。终点行间隔织入3针锁针的引拔狗牙针，完成作品。

25

17页作品

★材料　DARUMA蕾丝线金标40号 白色（298）20g

★工具　CLOVER蕾丝针8号

★成品尺寸　直径28cm

★钩织要点　20行之前与作品24的钩织方法相同。第21行…钩织3针引拔针后，再做和之前行相同的钩织。终点行织入3针锁针的引拔狗牙针。

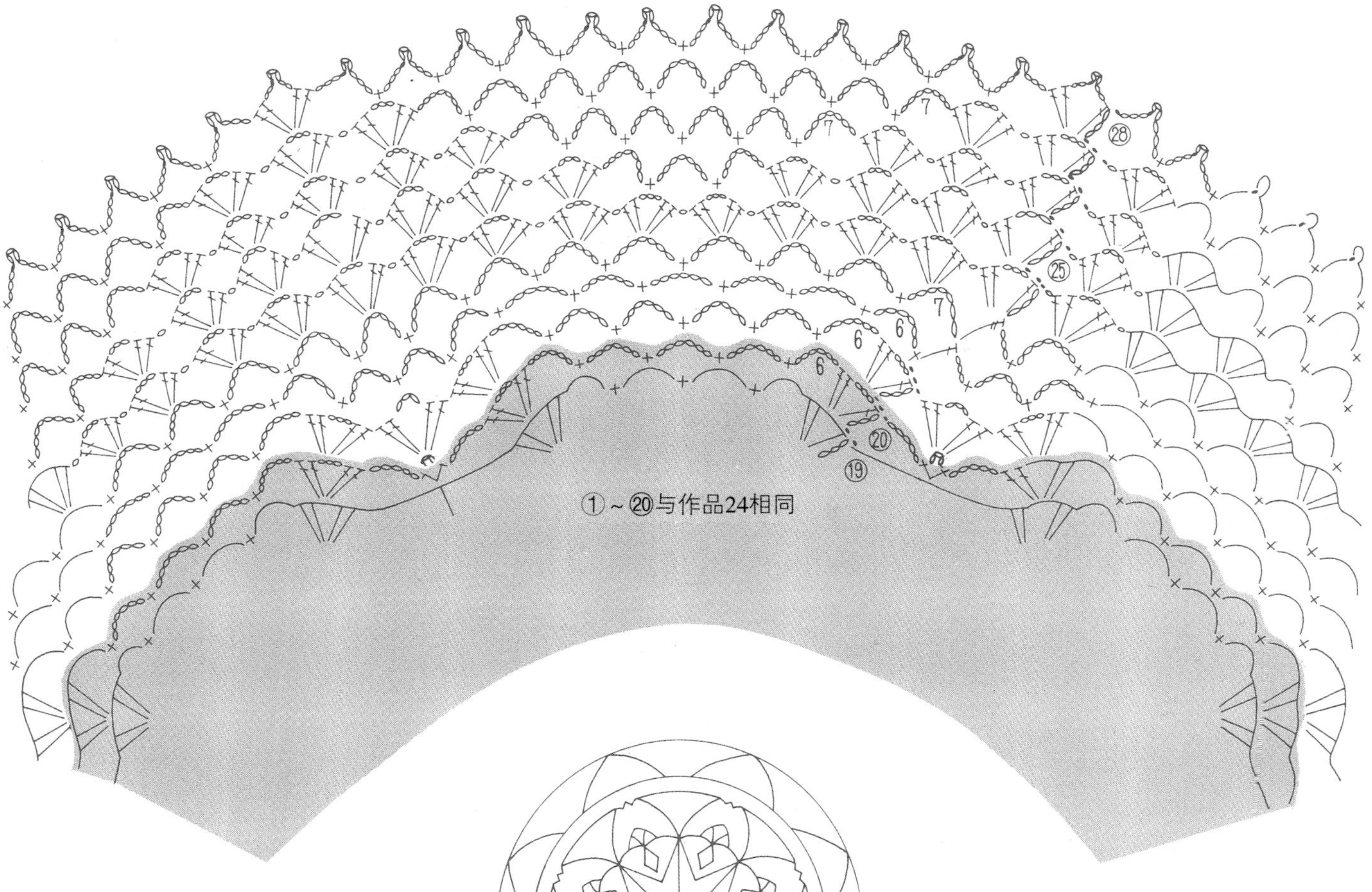

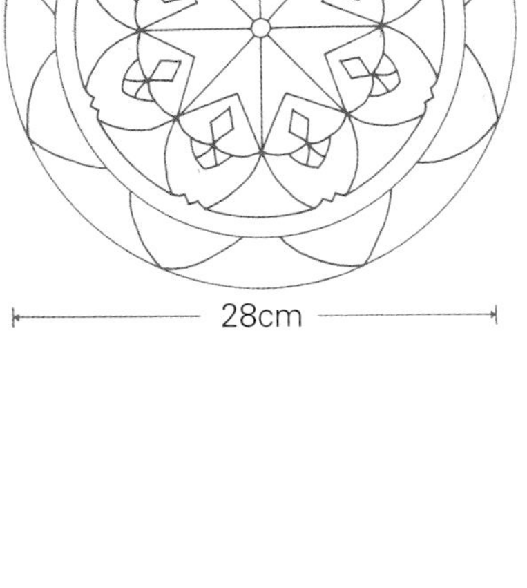

经典美观的台布

长方形玫瑰花样台布

㉖126cm×85cm　钩织方法22页　设计/铃木阳子

26

★材料　DARUMA手工线scull S 白色（98）380g

★工具　CLOVER蕾丝针4号

★成品尺寸　126cm×85cm

★钩织要点　起265针锁针，中央部分做方眼花样钩织，花样图由中心处始，呈上下左右对称。之后钩织周边的花样，提醒诸位仔细看图，只有各中心处的玫瑰花样不是左右对称的。最后连续进行边缘钩织，重复钩织“3针短针（第2个花样开始4针）、1个3针锁针的引拔狗牙针、3针短针、10针锁针，在最初的短针上引拔固定后立织1针锁针、7针短针、3个引拔狗牙针、7针短针，在前一行锁针上织5针短针”。四角处的花样由于短针部分不同，请参照图示钩织。

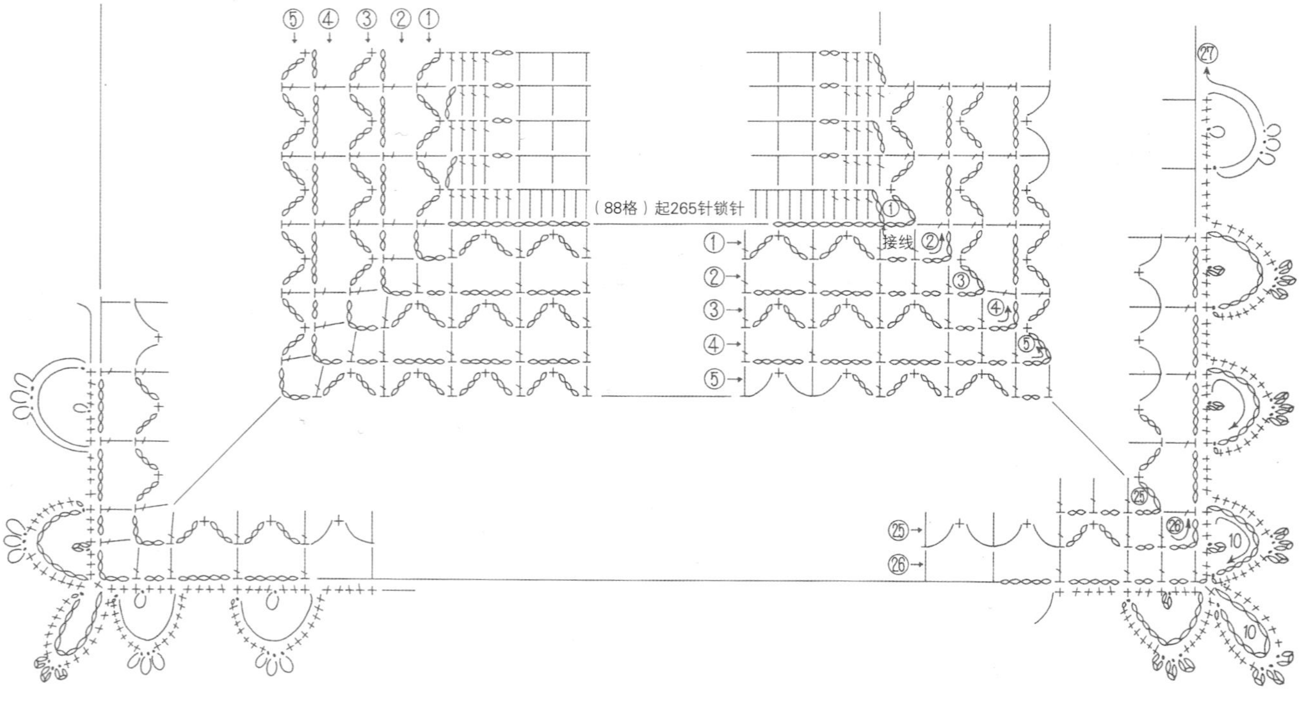

中央
79
70
60
50
40
30
20
10
5
88格
起265针
1
10
20
26

色彩搭配美丽的蕾丝垫

缤纷的蕾丝垫

㉗ 直径28cm 钩织方法92页 ㉘ 直径29cm 钩织方法26页

㉗、㉘ 设计/太田里子

27

28

28

25页作品

★材料　DARUMA蕾丝线金标40号　浅茶色（237）5g，粉红色（213）、绿色（222）、蓝绿色（223）各少许

★工具　CLOVER蕾丝针6号

★成品尺寸　直径29cm

★钩织要点　第1行…用浅茶色线环形起针，重复8次钩织“1针短针、14针锁针、4针引拔针”。第2行、3行用蓝绿色线钩织。第2行…重复钩织“1针短针、9针锁针”。第3行…重复钩织“1针短针、18针锁针、8针引拔针、5针锁针”。第4～7行用浅茶色线钩织。第8行用蓝绿色线、第9行用浅茶色线钩织。第10～13行用蓝绿色线、第14～19行用浅茶色线钩织。第20、21行用蓝绿色线，第22行用粉红色线，第23行用绿色线，第24行、25行用粉红色线完成作品。

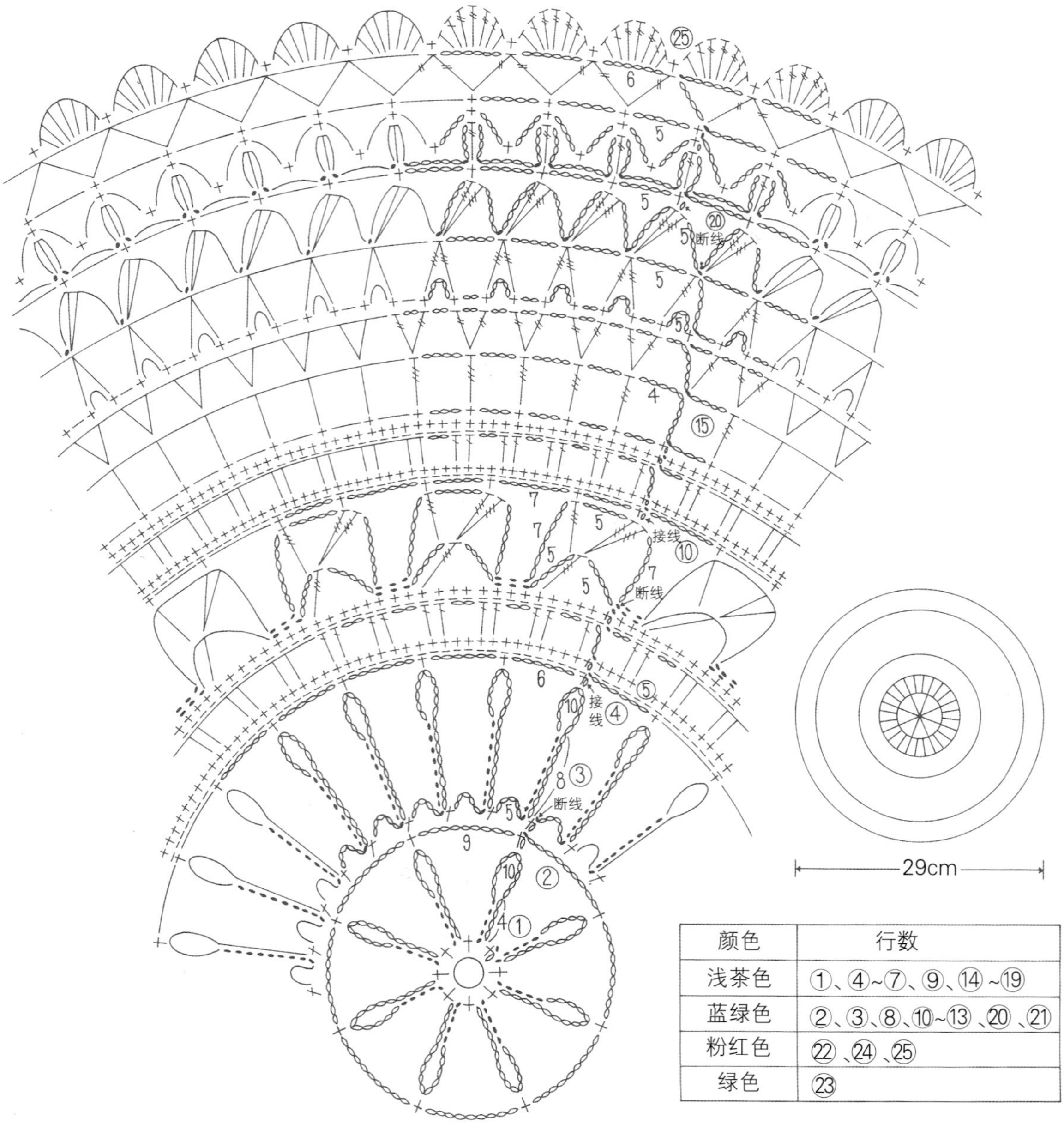

颜色	行数
浅茶色	①、④~⑦、⑨、⑭~⑲
蓝绿色	②、③、⑧、⑩~⑬、⑳、㉑
粉红色	㉒、㉔、㉕
绿色	㉓

29

28页作品

★材料　DARUMA蕾丝线40号　浅紫色（118）15g，浅黄色（3）、黄绿色（4）、蓝色（25）、粉红色(102)各少许

★工具　CLOVER蕾丝针8号

★成品尺寸　直径27cm

★钩织要点　第7行用黄绿色线、第14行用粉红色线、第21行用浅黄色线、第28行用蓝色线，除此之外用浅紫色线钩织。第1行…环形钩织8针短针。第2行…立织3针锁针，钩织1针长针。重复7次钩织“2针锁针、在前一行短针上织入2针长针”，之后钩织2针锁针。第3～6行加针钩织。第7～9行钩织条纹针。以相同要领一边配色一边钩织，直至第31行完成作品。

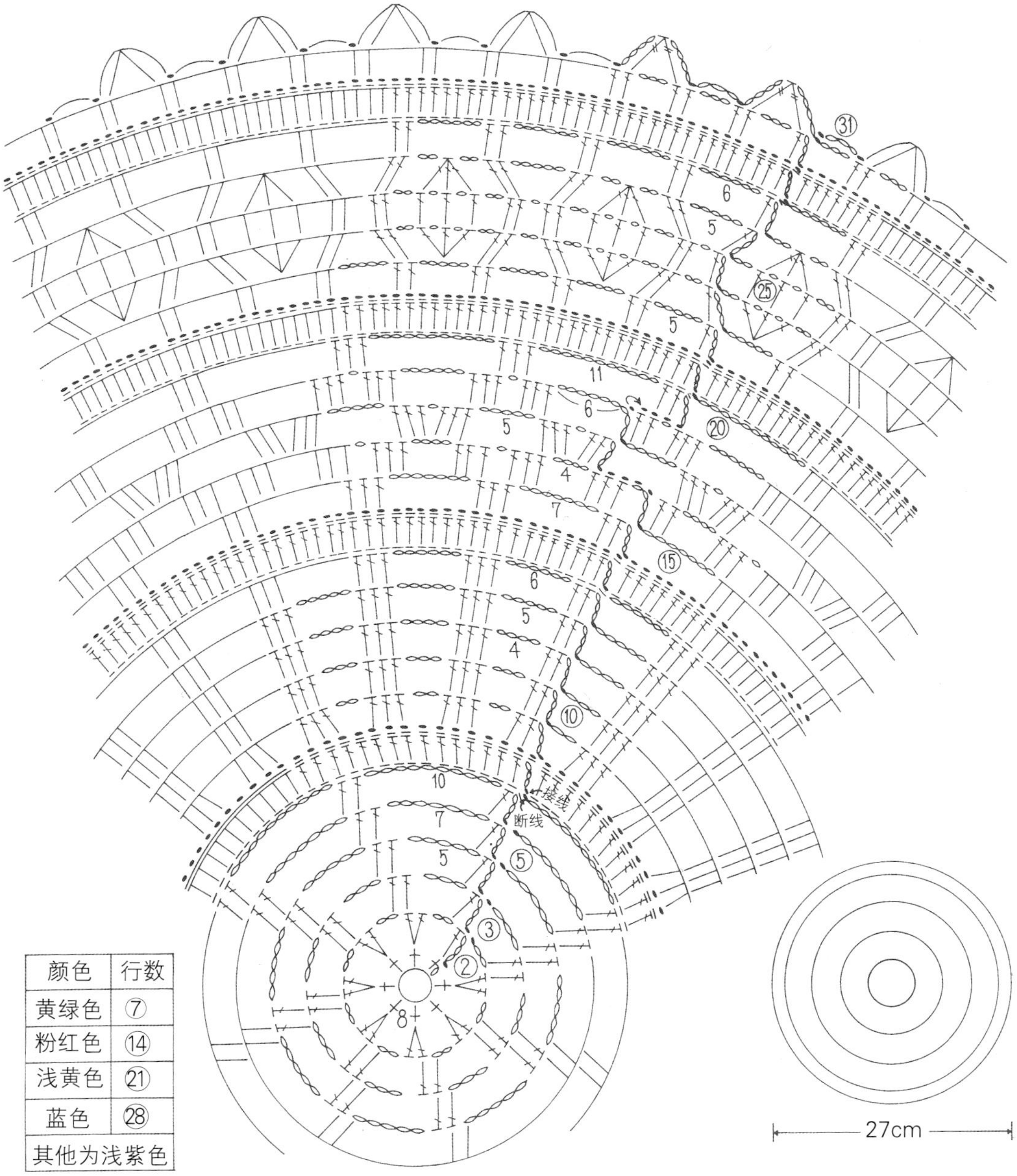

颜色	行数
黄绿色	⑦
粉红色	⑭
浅黄色	㉑
蓝色	㉘
其他为浅紫色	

㉙ 直径27cm 钩织方法27页 ㉚ 直径25.5cm 钩织方法30页

㉙ 、㉚ 设计/太田里子

缤纷绚丽的蕾丝垫

30

30

29页作品

★材料 DARUMA蕾丝线40号 浅黄色（3）、浅紫色（118）各10g

★工具 CLOVER蕾丝针8号

★成品尺寸 直径25.5cm

★钩织要点 第1行…用浅黄色线环形起针，钩织9针短针。第2～11行逐行交互使用浅黄色线和浅紫色线钩织。第2行…立织3针锁针，重复8次钩织“2针锁针、1针长针”，最后钩织2针锁针固定。第3行…重复钩织“1针短针、3针锁针”。以相同要领加针钩织至第11行。第12～16行用浅紫色线钩织。第17～22行交互使用浅黄色线和浅紫色线钩织。第23～28行用浅紫色线钩织。第29行用浅黄色线，第30行用浅紫色线，第31行、32行用浅黄色线进行钩织，完成作品。

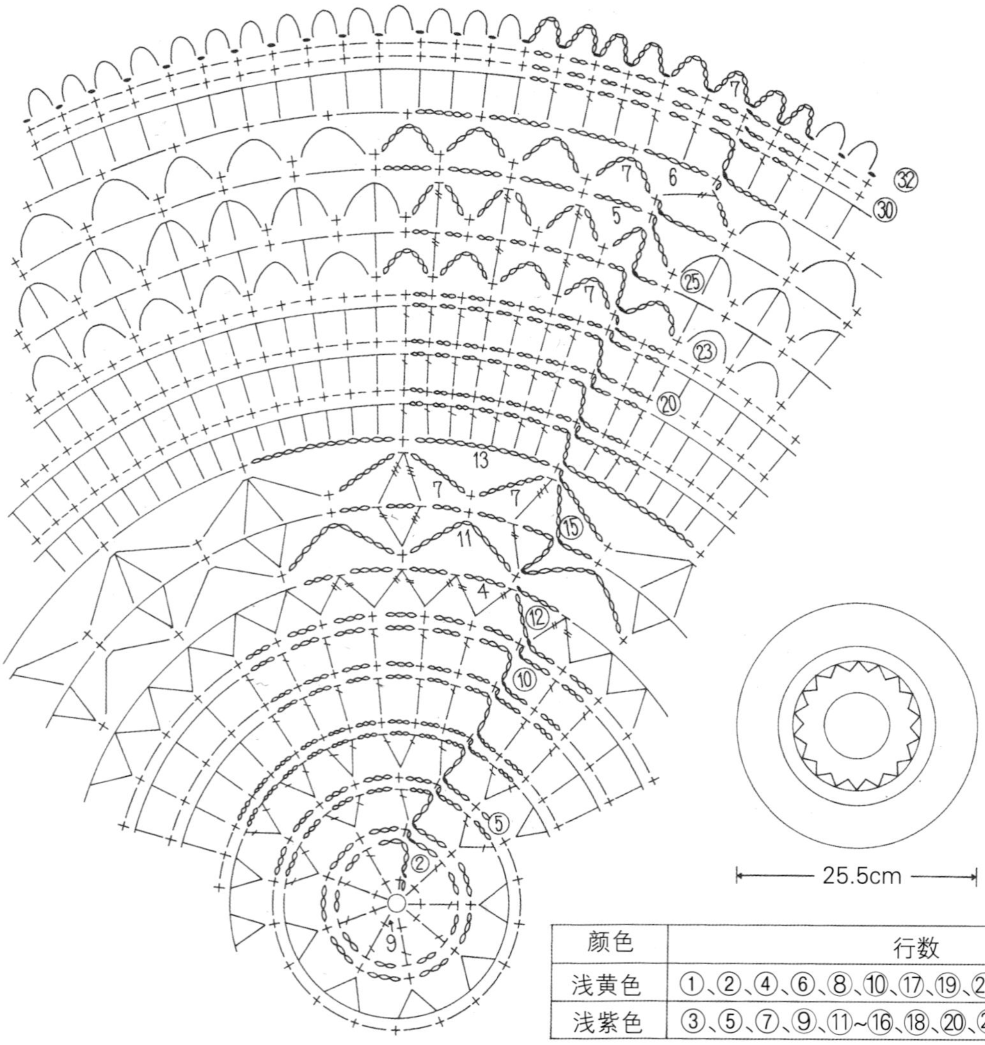

颜色	行数
浅黄色	①、②、④、⑥、⑧、⑩、⑰、⑲、㉑、㉙、㉛、㉜
浅紫色	③、⑤、⑦、⑨、⑪~⑯、⑱、⑳、㉒~㉘、㉚

31

32页作品

★材料　DARUMA蕾丝线金标40号 乳白色（204）、浅绿色（209）、粉红色（213）、橘色（216）、绿色（223）、蓝色（225）、藏青色（231）、红色（232）、淡茶色（237）、白色（298）各少许

★工具　CLOVER蕾丝针8号

★成品尺寸　直径31cm

★钩织要点　参照配色表变换色线进行钩织。第1行…环形起针，立织1针锁针（以后要领相同），钩织8针短针。第2行…分别在前一行的每针短针上钩织2针短针，共16针。第3～5行钩织短针。第6行…重复钩织“1针长长针、2针锁针”。第7行、8行…钩织短针（画在侧边的针数有所变化）。第9～20行、第27～42行的钩织与第6～8行相同。第21～26行钩织网眼针，第43行钩织短针和锁针，第44行重复钩织5针网眼针和1针短针、1针锁针、1针短针。终点行钩织短针，完成作品。

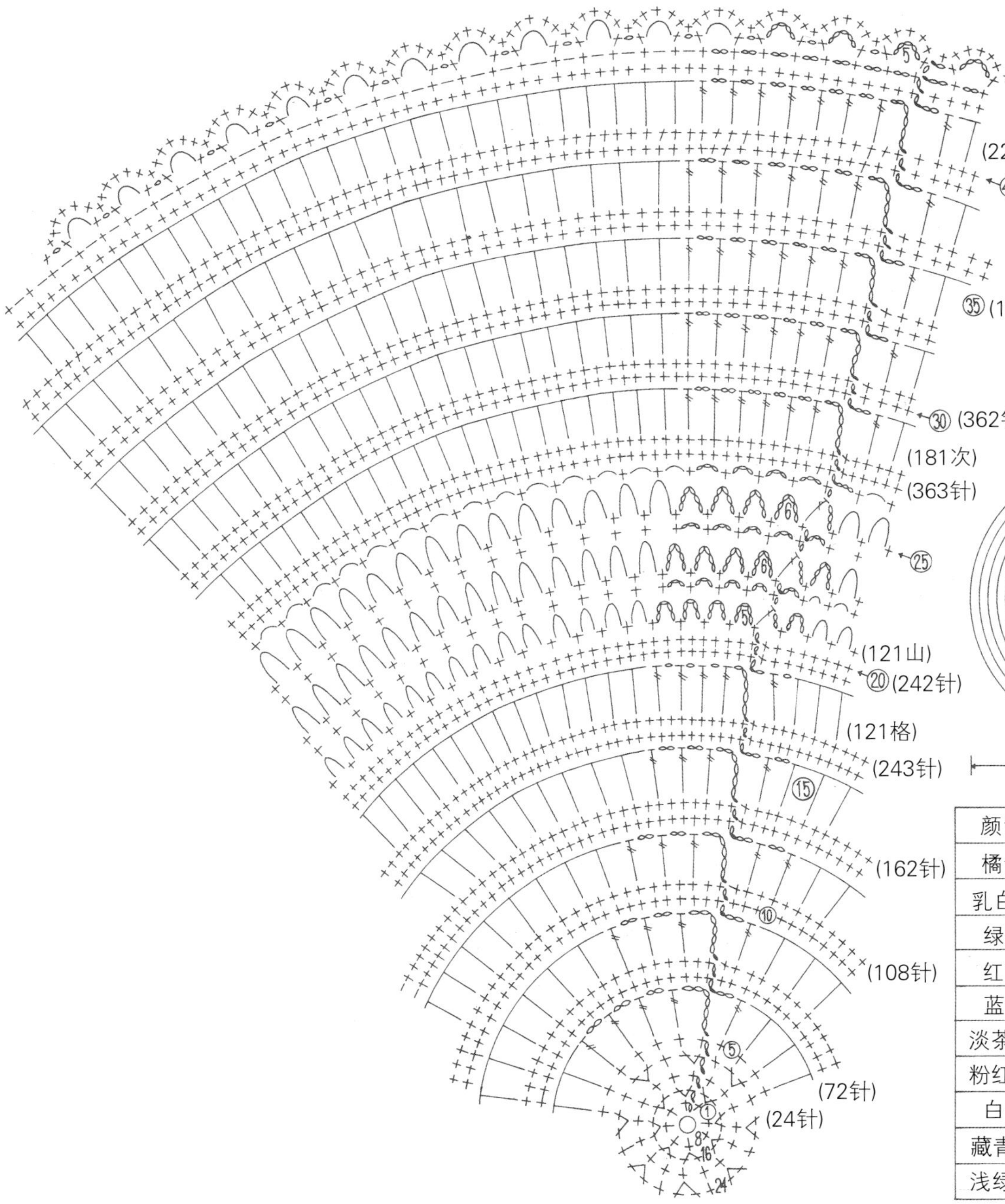

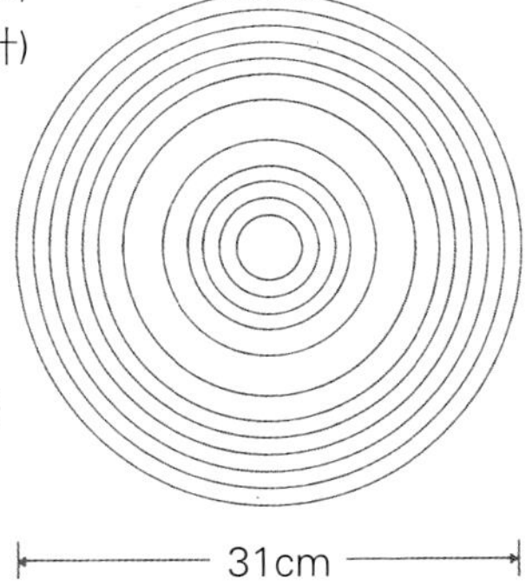

颜色	行数
橘色	①、③、⑤、⑦、⑭、㉝、㉟
乳白色	②、④、⑥、㊲、㉟
绿色	⑨、⑪、㉚、㉜、㊵
红色	⑧、⑩、⑫、㊴、㊶
蓝色	⑬、⑮、㉞
淡茶色	⑯、⑱、㉘
粉红色	⑰、㉗、㉙
白色	⑲、㉑～㉖、㉛
藏青色	⑳、㊱、㊳
浅绿色	㊷～㊺

缤纷绚丽的蕾丝垫

㉛ 直径31cm 钩织方法31页 ㉜ 直径27cm 钩织方法93页

㉛、㉜ 设计/太田里子

32

33

★材料　DARUMA蕾丝线40号 白色（1）300g

★工具　CLOVER蕾丝针8号

★成品尺寸　直径103cm

★钩织要点　第1行…立织3针锁针环形起针，重复17次钩织“1针锁针、1针长针”。立织1针锁针，并引拔固定在立织的针目上。第2行…重复钩织“2针锁针、1针长针”。第3行…在前一行的锁针上钩织2针长针，在长针上钩织1针长针，共钩织54针。第4行…钩织2针锁针后，在前一行上每隔一针钩织1针长针。第5行、6行…钩织方法与第3行、4行相同。第7行如图所示，角处织入3针狗牙针，钩织2针长针，整体共织出10个花样。第8行之后，角处加针，并参照图案钩织到第116行。

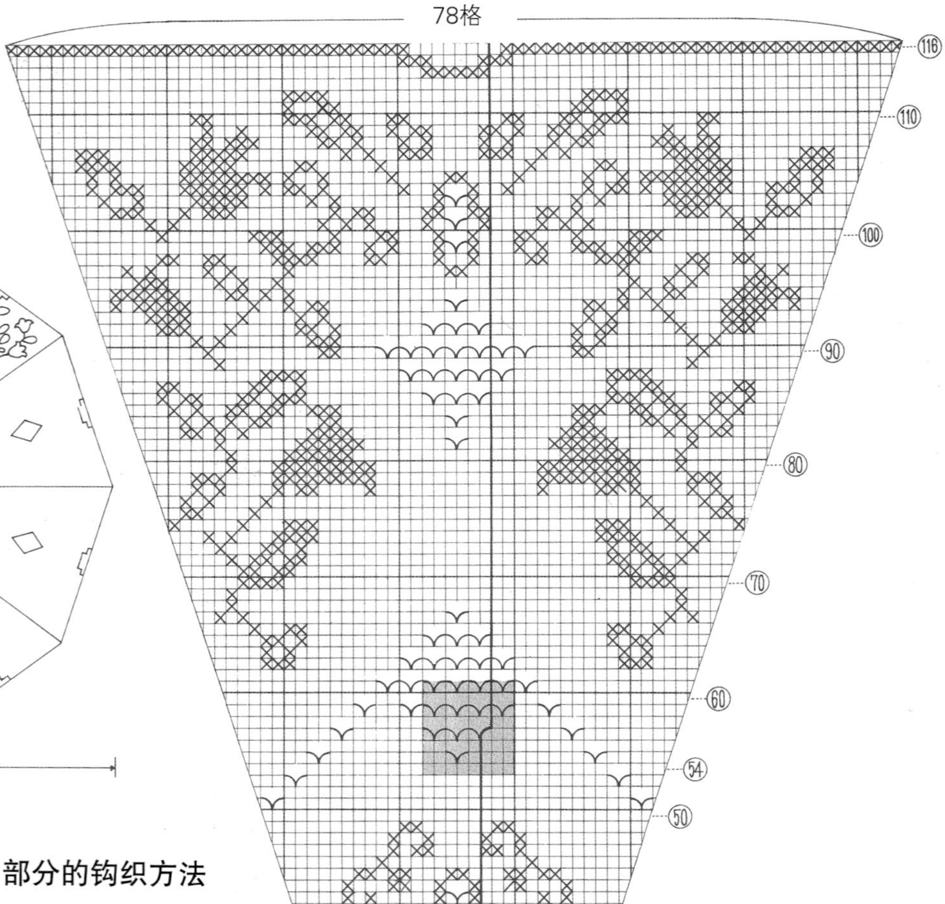

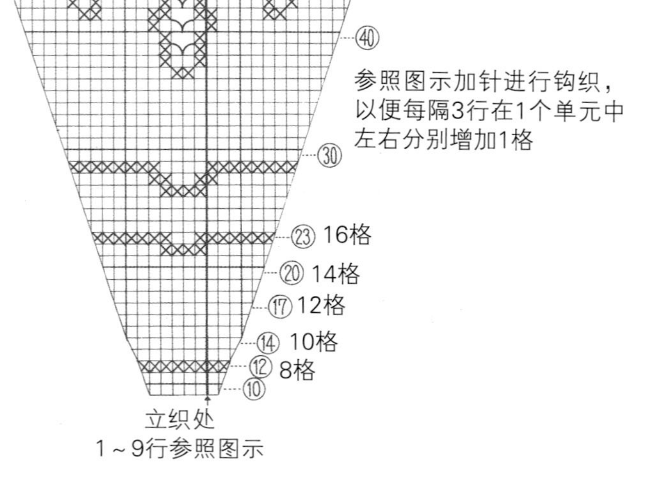

部分的钩织方法

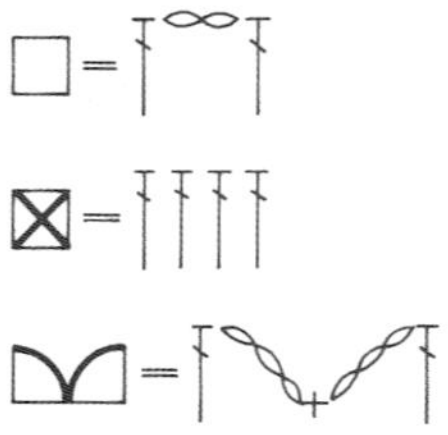

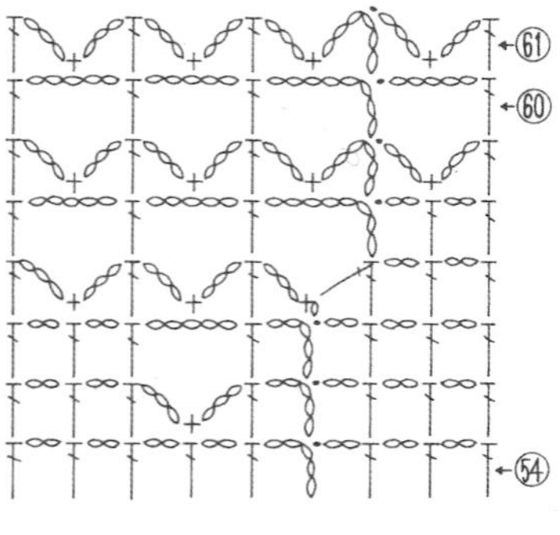

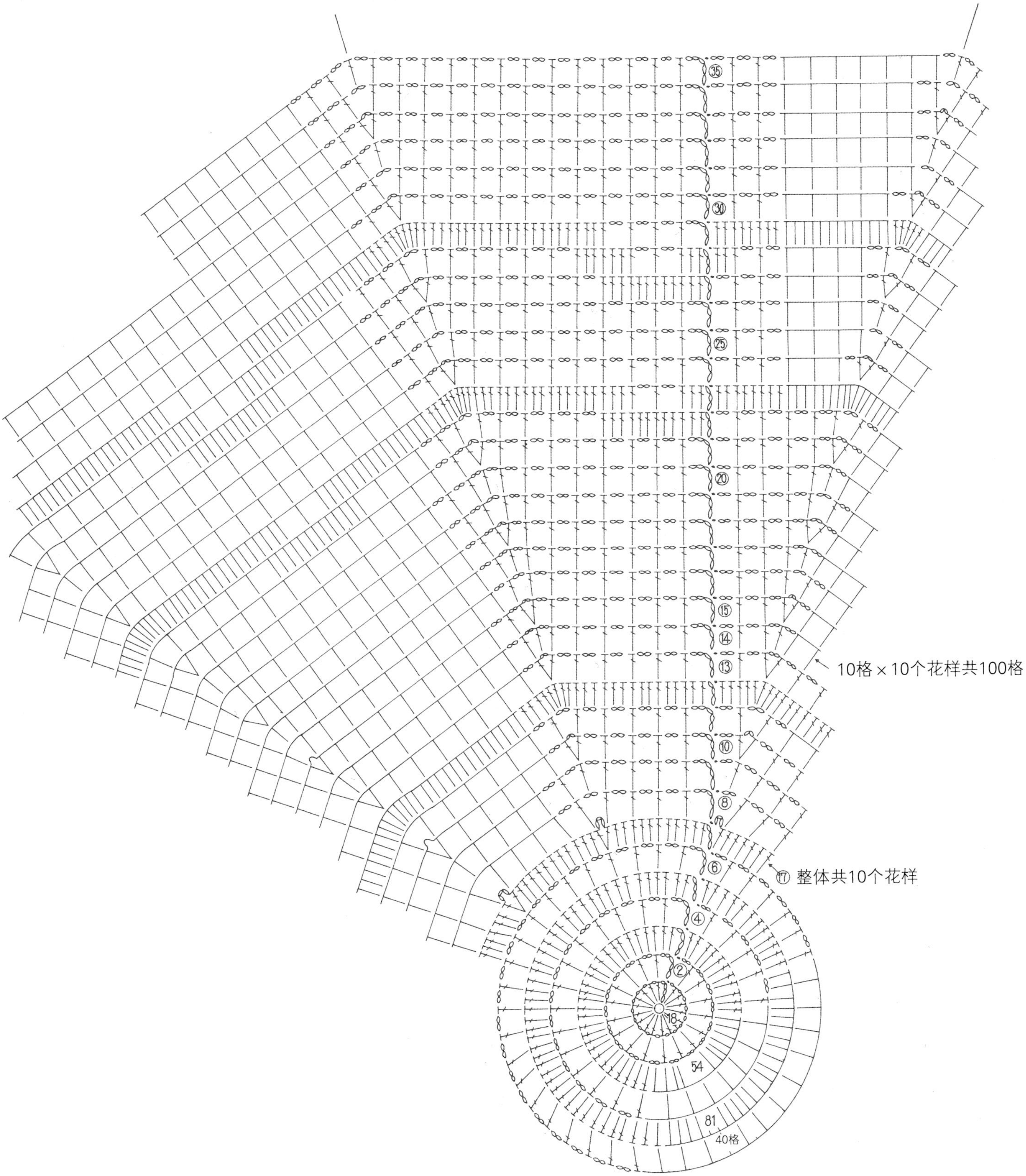

35
30
25
20
15
14
13
10格×10个花样共100格
10
8
6
⑰ 整体共10个花样
4
2
18
54
81
40格

花样细密的台布

纤细的花朵花样台布

㉝ 直径103cm　钩织方法34页　设计/中川寿子

33

34

40页作品

★材料　DARUMA鸭川线30号 白色（1）30g
★工具　CLOVER蕾丝针4号
★成品尺寸　直径26cm
★钩织要点　钩织8针锁针环形起针。第1行…立织3针锁针，钩织23针长针。第2行…重复钩织“3针长针、3针锁针”。第3行…将锁针变成5针。第4行之后按照图示进行钩织，从第9行开始织入3针长针的枣形针。最后一行用5针锁针的引拔狗牙针加以装饰。

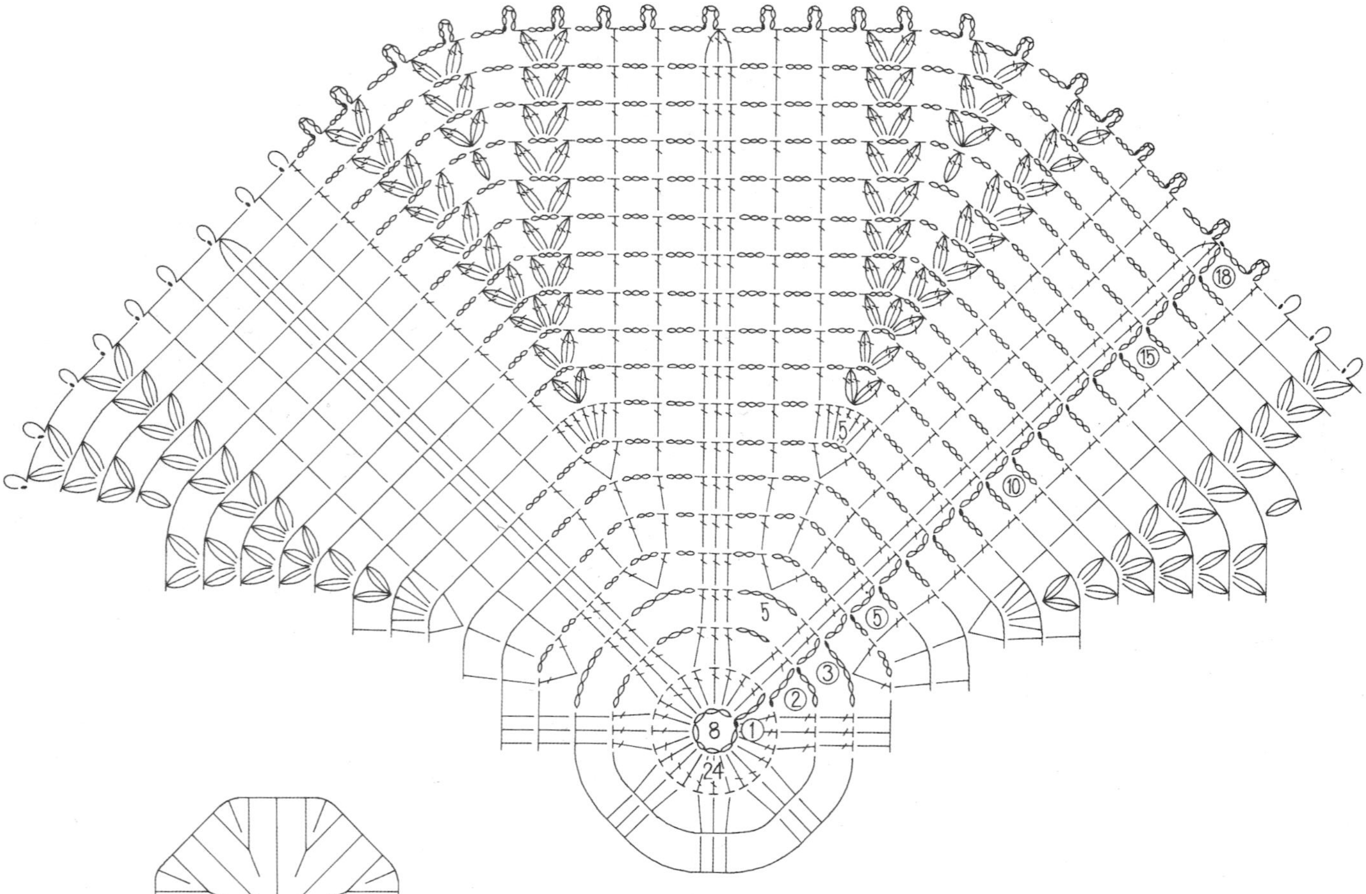

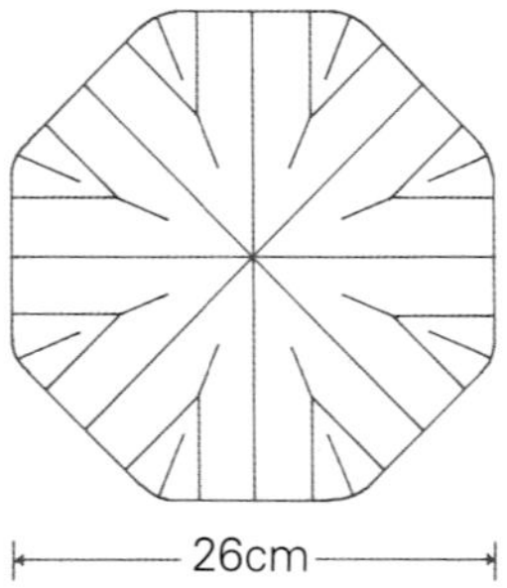

35

41页作品

★材料　DARUMA蕾丝线40号 白色（1）15g
★工具　CLOVER蕾丝针8号
★成品尺寸　直径25cm
★钩织要点　环形起针，第1行…重复6次钩织“3针长长针的枣形针1个（起点处是立织4针）、4针锁针”。第2行…重复钩织“5针锁针、1针短针”，但终点处钩织1针锁针、1针长针。第3行…重复钩织“2针长长针、2针锁针”。第4行之后也是钩织长长针和锁针的花样，但第13～16行是钩织3针长长针的枣形针。终点行钩织8针锁针和长长针的2针并1针（注意挑针位置）及枣形针，完成作品。

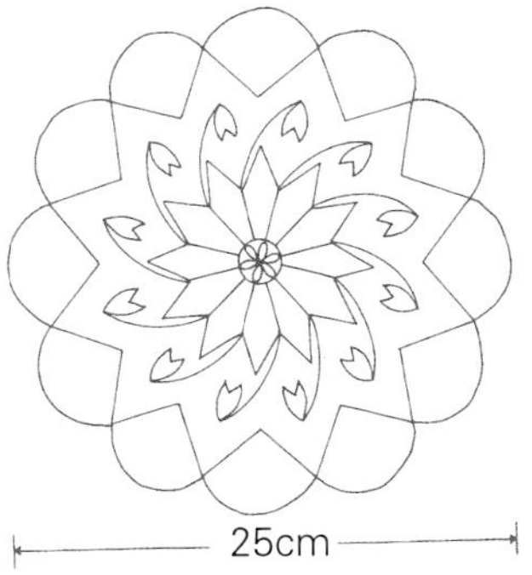

清爽的单个蕾丝垫

㉞直径26cm　钩织方法38页　设计/平田园江

㉟直径25cm　钩织方法39页　设计/开田美代子

㊱直径30cm　钩织方法42页　设计/小泽喜美子

乐享变化的蕾丝垫

34|36
35

36

41页作品

★材料　DARUMA蕾丝线40号 白色（1）30g

★工具　CLOVER蕾丝针8号

★成品尺寸　直径30cm

★钩织要点　第1行…环形起针，重复钩织3针长针（含立织的针目）、1针锁针。第2行…钩织3针引拔针，重复钩织“3针长针、3针锁针”。第3行…重复钩织“5针长针、5针锁针”。第4行…重复钩织“7针长针、3针锁针、1针短针、3针锁针”。第5行…重复钩织“9针长针、3针锁针、1针短针、3针锁针、1针短针、3针锁针”，最后钩织1针短针、1针中长针。从第6行开始均按相同要领钩织。

37

44页作品

★材料 DARUMA鸭川线30号 白色（1）45g

★工具点 CLOVER蕾丝针2号

★成品尺寸 直径35cm

★钩织要点 由中心处的花片开始钩织。钩织24行织片A，相连成环形。然后重复钩织“1针锁针、1针长针”，连接中心部分。钩织48行与中心花片相连呈环状的织片A。其次钩织8片与中心花片相同的花片，并相连在一起。外圆是钩织128行织片A与8片花片相连而成。三角形单片的钩织顺序是：立织3针锁针、钩织1针长针，重复2次钩织“3针锁针、1针引拔针、3针锁针、4针长针”，3针锁针、1针引拔针、3针锁针、2针长针。外圆的Z字边钩织花片B，并按照图示相连而成，但是只有一处是在外周圆的网眼上挑2山，提醒诸位特别留心。

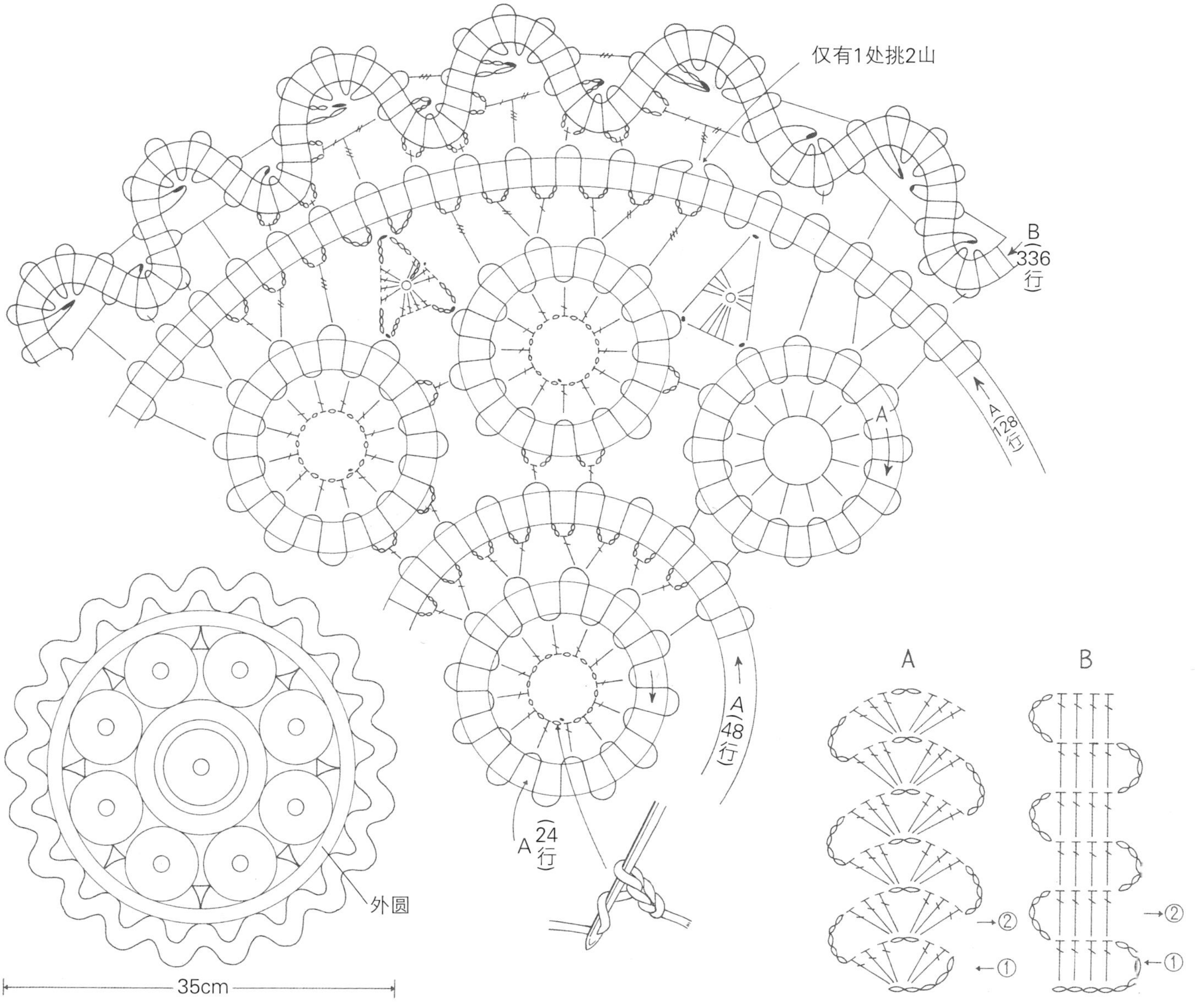

清爽的一周七款蕾丝垫

㊲ 直径35cm　钩织方法43页　设计/开田美代子　㊳ 25cm × 25cm　钩织方法46页　设计/铃木阳子

38

38

45页作品

★材料　DARUMA鸭川线30号 白色（1）20g　DARUMA蕾丝线金标40号 白色（298）10g

★工具　CLOVER蕾丝针4号、8号

★成品尺寸　25cm×25cm

★钩织要点　30号鸭川线使用4号针、40号蕾丝线使用8号针。虾绳…如图所示用30号的线钩织成8条长29cm的虾绳。花片用40号的线钩织。A=环内，第1行…重复8次钩织1针长针（含立织的针目）、3针锁针。第2行…重复钩织“1针短针、2针锁针、3针长针、2针锁针、1针短针”。第3行…重复钩织“5针锁针、引拔固定在前一行2针短针之间”。第4行…与第2行钩织要领相同。第5行…重复钩织“5针锁针、引拔固定在前一行的短针上1次、5针锁针、引拔固定1次”。第6行…钩织6针网眼针。B=第4行之前与A相同，第5～7行钩织要领相同，第8行、9行钩织网眼针，但分别在左右3处钩织引拔针与花片A相连在一起。中央的B要单独完成。C=在A上追加7行。完成…按照图示摆好虾绳与花片的位置，用缝线从背面将其缝合在一起。

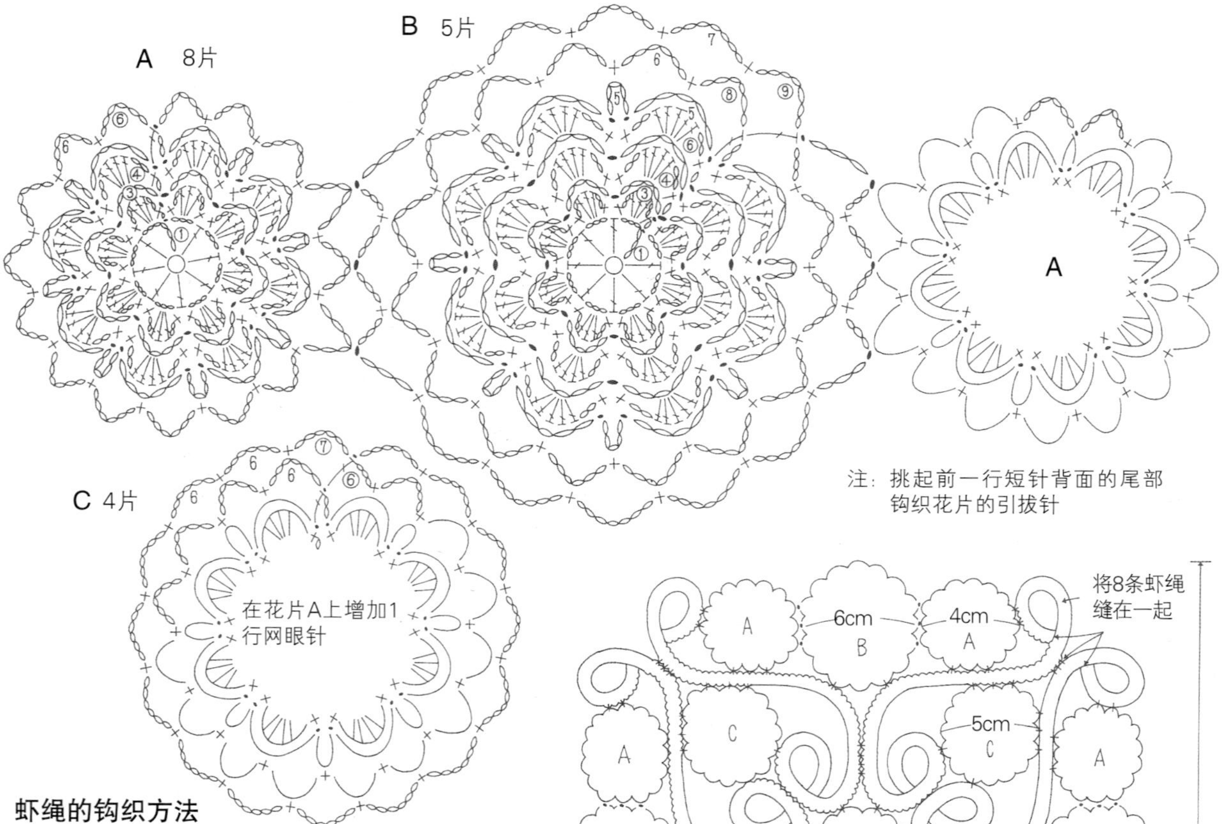

虾绳的钩织方法

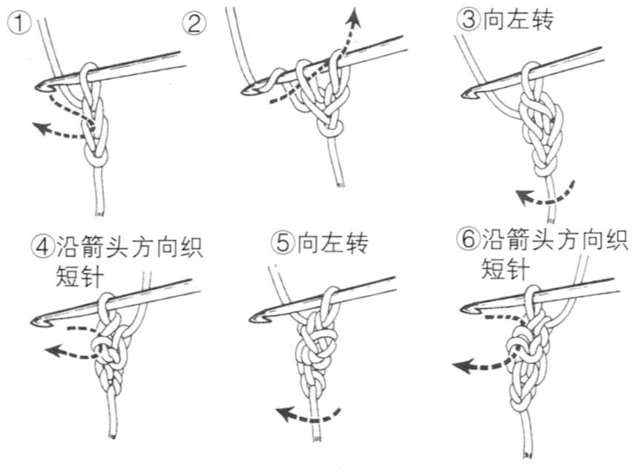

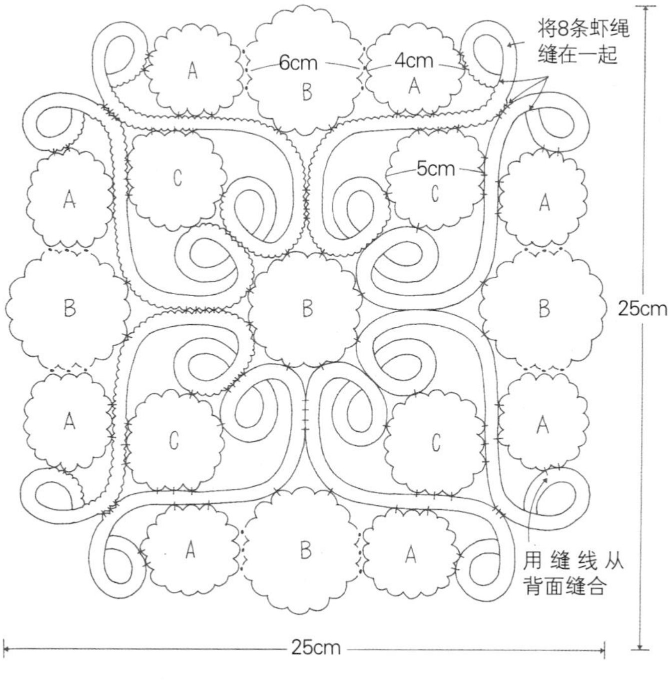

39

48页作品

★材料　DARUMA鸭川线30号 白色（1）25g

★工具　CLOVER蕾丝针4号

★成品尺寸　直径28.5cm

★钩织要点　钩织7针锁针环形起针。第1行…钩织8针短针。第2行…立织3针锁针，重复7次钩织“3针锁针、1针长针”，钩织3针锁针，固定在立织的针目上。第3行之后均按图示钩织。第22行重复钩织7针长针、4针锁针的引拔狗牙针1次、6针长针、1针短针。

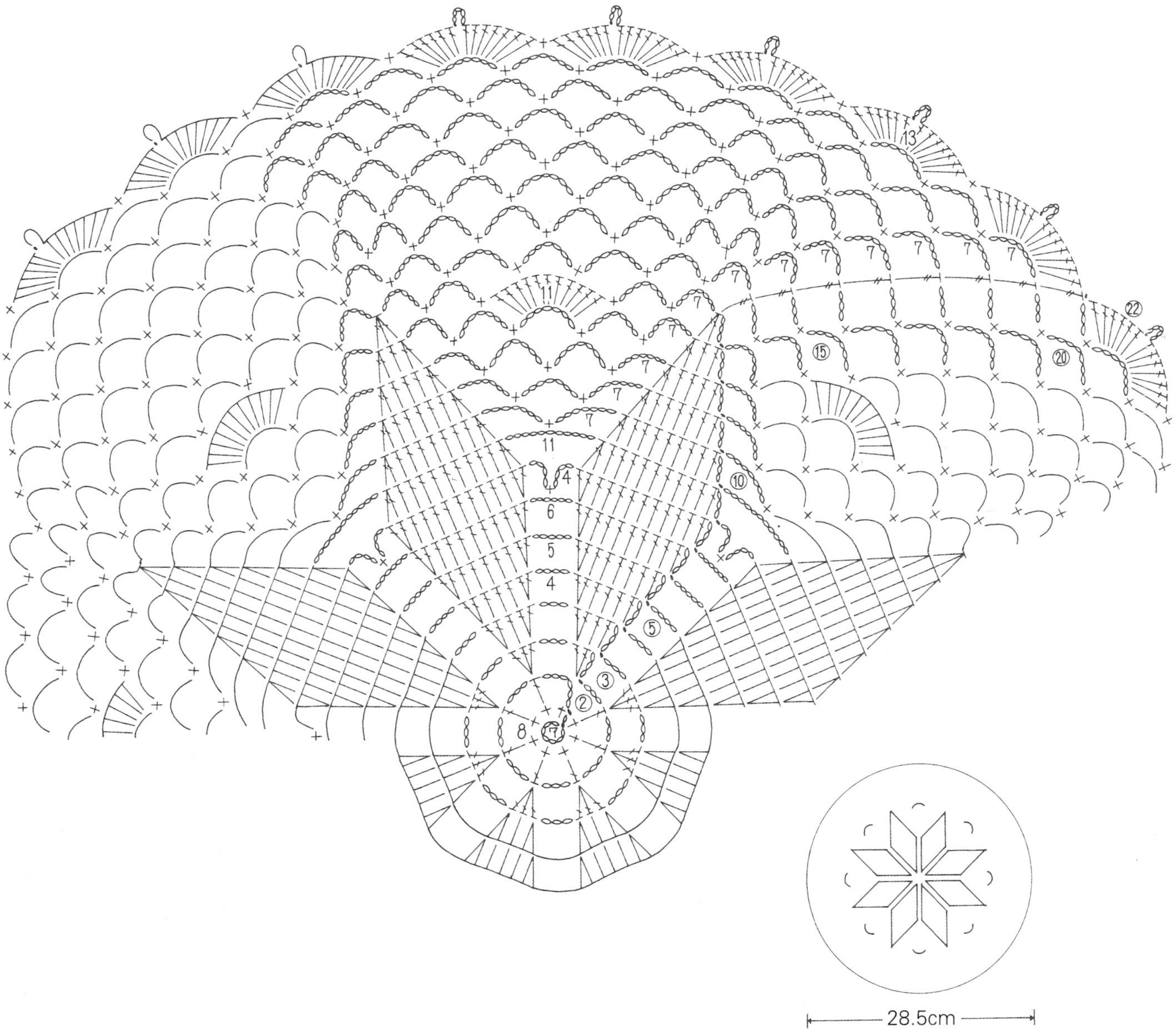

清爽的一周七款蕾丝垫

39

㊴ 直径28.5cm 钩织方法47页 设计/平田园江 ㊵ 直径30cm 钩织方法50页 设计/开田美代子

40

40

49页作品

★材料　DDARUMA蕾丝线40号 白色（1）20g

★工具　CLOVER蕾丝针8号

★成品尺寸　直径30cm

★钩织要点　第1行…环形起针，钩织32针长长针（含立织的针目）。第2行…重复钩织“1针长长针、2针锁针”。第3行…立织1针锁针，重复钩织“1针短针、7针锁针”，最后钩织2针锁针、1针长长针。第4行…重复钩织“4针锁针、4针锁针的引拔狗牙针1个、3针锁针、1针短针”。第5行…重复钩织“1针长长针、8针锁针”。第6行…重复钩织“6针短针、4针锁针的引拔狗牙针1个、6针短针”。第7～19行钩织3针长长针的枣形针、锁针和长长针。第20行钩织锁针和长长针，终点行钩织中长针、锁针间织入4针锁针的引拔狗牙针，完成作品。

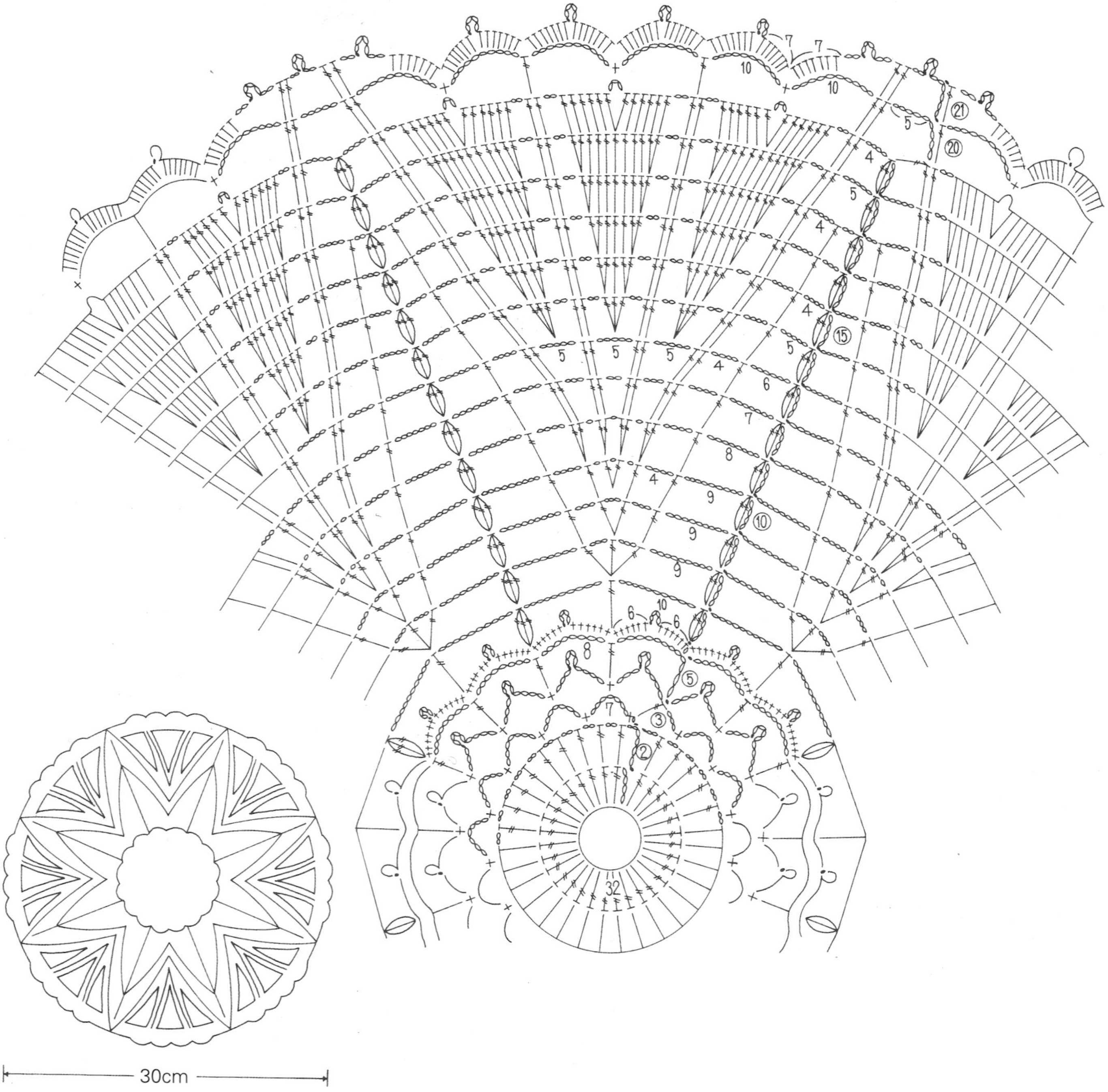

41

52页作品

★材料　ADARUMA鸭川线18号 驼色（22）40g

★工具　CLOVER蕾丝针2号

★成品尺寸　直径34cm

★钩织要点　第1行…环形起针，立织3针锁针。重复7次钩织“2针锁针、1针长针”，2针锁针相连成环。第2行…将锁针变成3针。第3行…钩织5针长针和3针锁针。第4行之后均按照图示加针进行钩织。第17～20行…织入3针锁针的引拔狗牙针，完成作品。

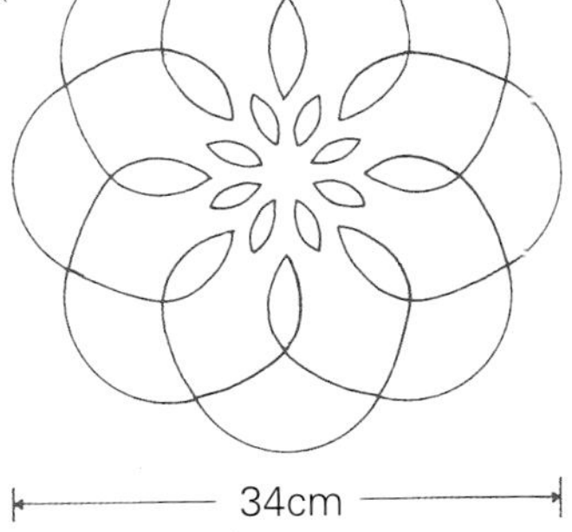

3针锁针的狗牙针

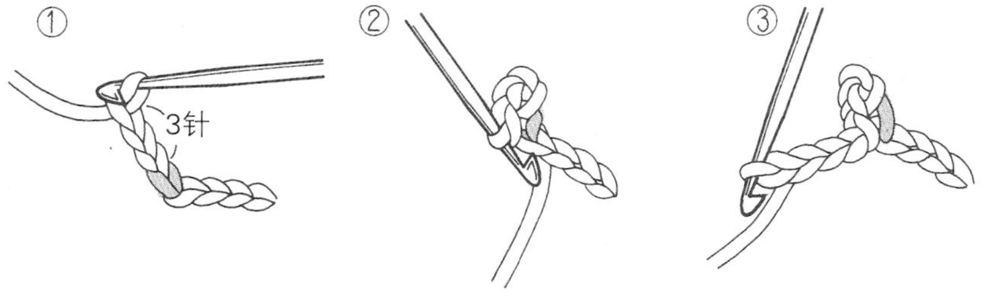

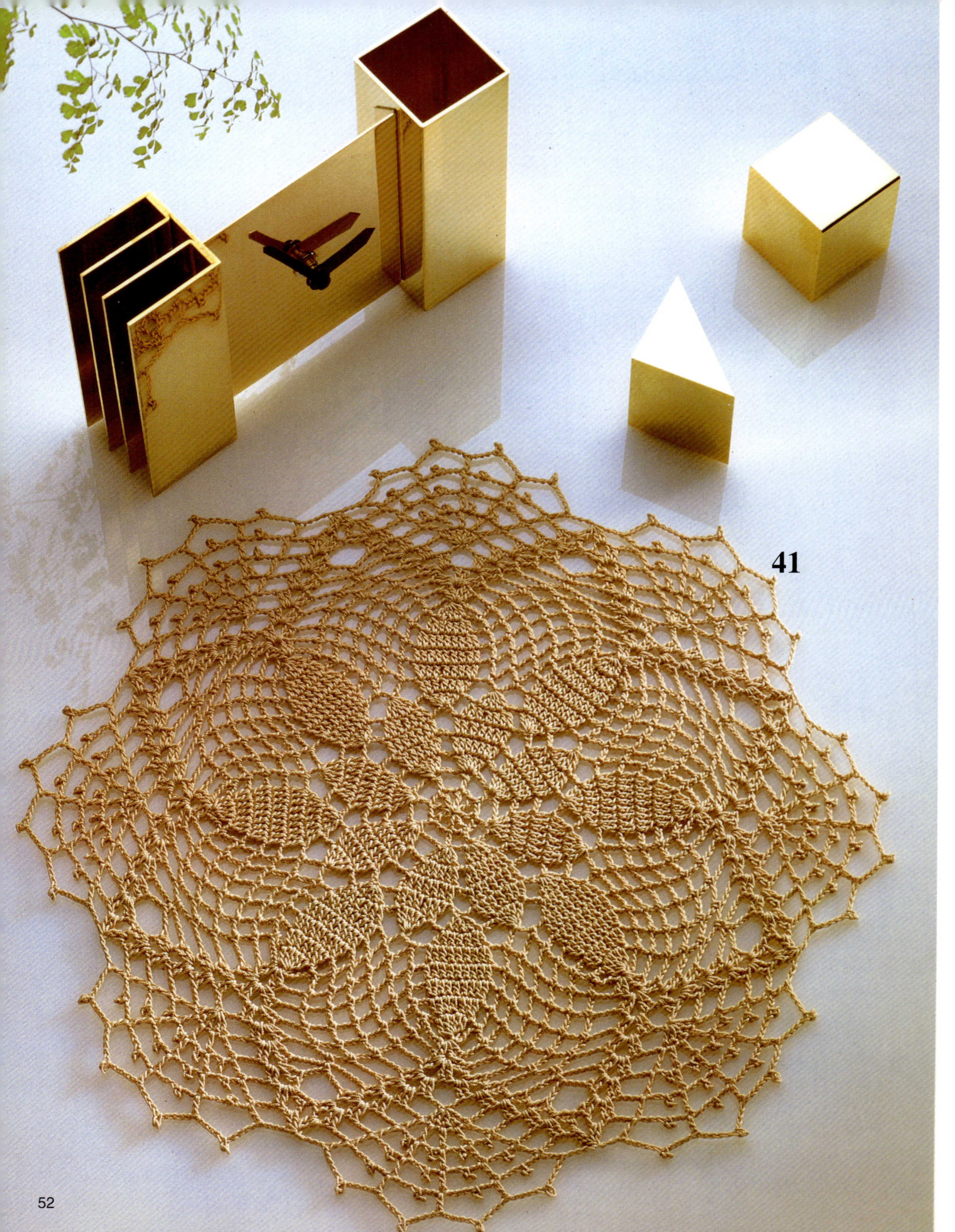

41

清爽的一周七款蕾丝垫

㊶ 直径34cm 钩织方法51页 ㊷ 直径27.5cm 钩织方法54页

㊶ 、㊷ 设计/铃木阳子

42

42

53页作品

★材料　DARUMA鸭川线18号　驼色（22）25g

★工具　CLOVER蕾丝针2号

★成品尺寸　直径27.5cm

★钩织要点　第1行…环形起针，钩织12针短针。第2行…立织3针锁针，重复钩织“2针锁针、1针长针”。第3行…起11针锁针，再钩织长针返回。重复钩织“在长针的上部引拔固定、起10针锁针、放掉之前钩织的6针长针后织1针长针、1针锁针、1针长针、1针锁针、1针长针、5针锁针、挑起前面长针的上部钩织1针长针、2针锁针、1针长针、2针锁针、11针长针”。织到第12个时往回织7针引拔针，立织3针锁针、引拔固定，1针锁针、1针长针、1针锁针、1针长针、5针锁针、挑起前面长针的针头钩织1针长针、2针锁针、1针长针、2针锁针，引拔固定后断线。第4行之后接线钩织。

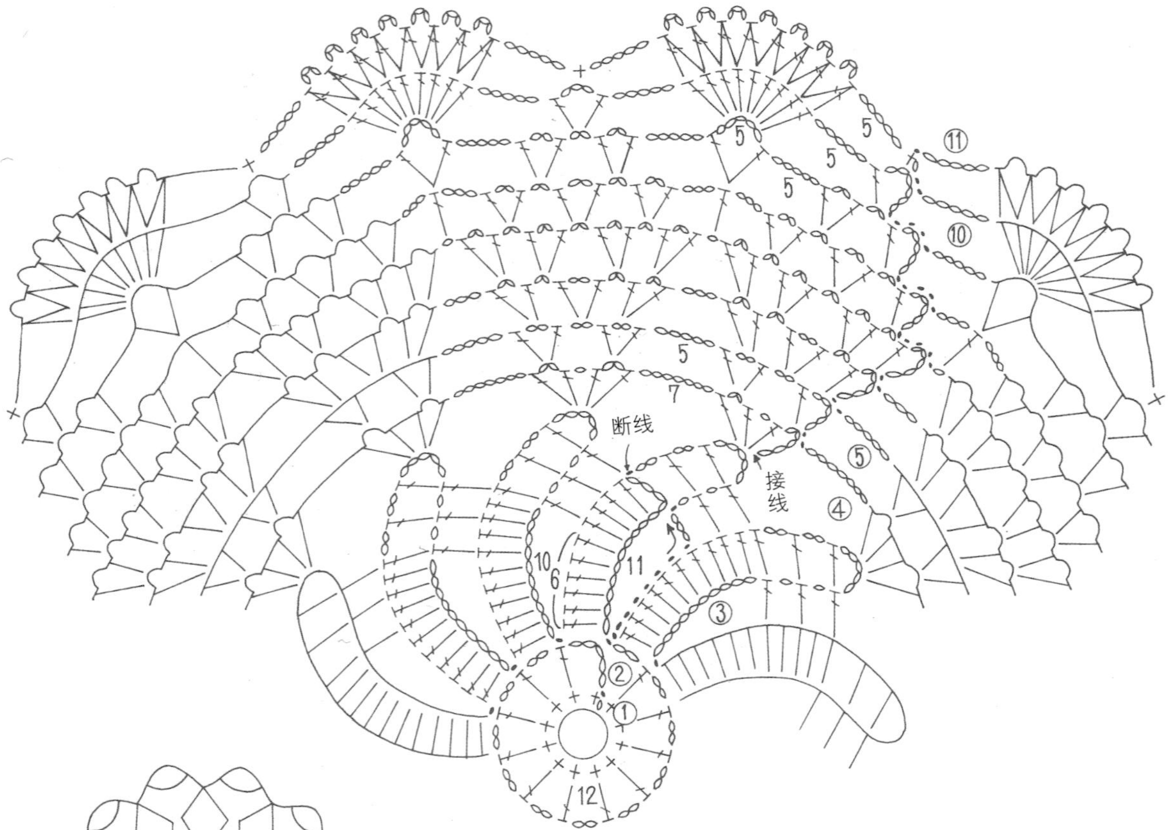

44

60页作品

★**材料**　DARUMA鸭川线30号 白色（1）60g

★**工具**　CLOVER蕾丝针2号

★**成品尺寸**　42cm×29cm

★**钩织要点**　起190针锁针。第1行…立织3针锁针，钩织3针长针，重复钩织“2针锁针、4针长针”。第2行…立织3针锁针，重复钩织“2针锁针、1针长针”。第3行之后均用方眼花样进行钩织。第45行钩织完成后，接着进行边缘钩织，重复钩织2针锁针、4针长针（从方眼的锁针处挑针），角处钩织1针长针、立织3针锁针、挑起长针的下部钩织3针长针。钩织终点是4针长针。

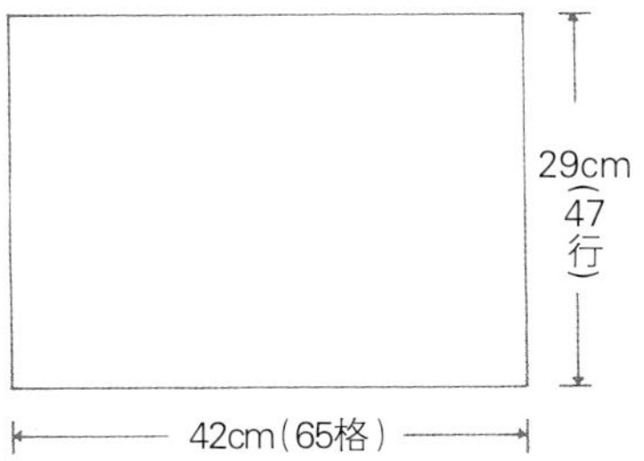

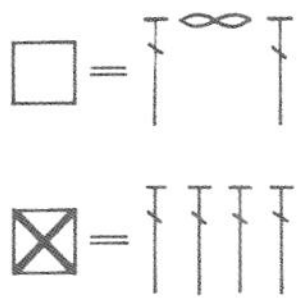

直线与圆组成的台布

㊸直径88cm 钩织方法58页 设计/一井贵久子

自由表现的方眼花样

43

★**材料**　DARUMA鸭川线30号 白色（1）320g

★**工具**　CLOVER蕾丝针2号

★**成品尺寸**　直径88cm

★**钩织要点**　起190针锁针。第1行…立织3针锁针，然后重复钩织“2针锁针、1针长针”。第2行…钩织8针锁针（第2行的起针3针、立织3针、锁针2针），然后在前一行的每一针上分别钩织1针长针。2针锁针后，将3卷长针织入第1行立织的第3针。第3行之后与第2行要领相同，左右加针进行钩织。减针部分的要领也相同。织到第151行时，进行边缘编织，即3行“5针锁针、1针短针”，1行“2针锁针、1个引拔狗牙针、2针锁针和1针短针”。

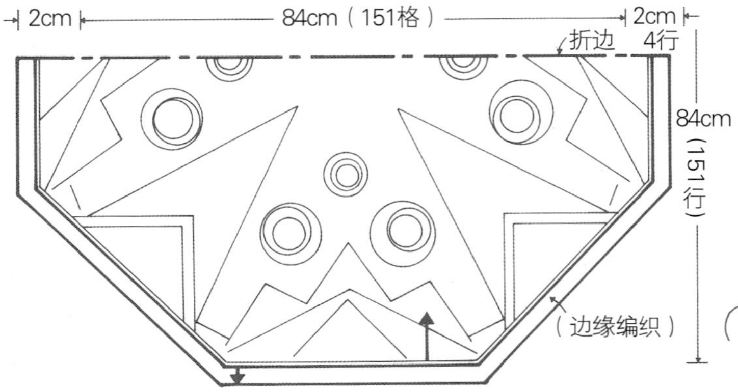

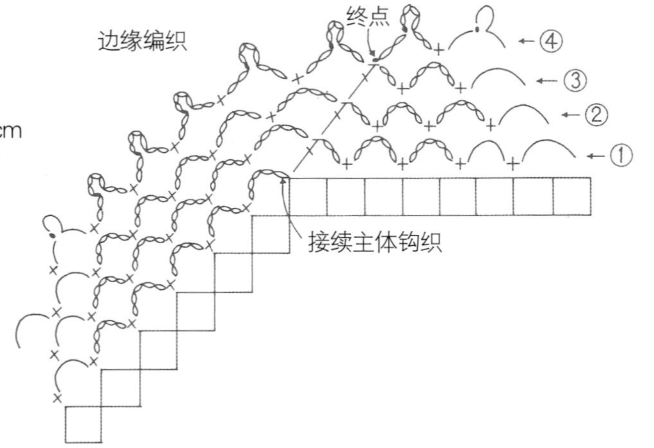

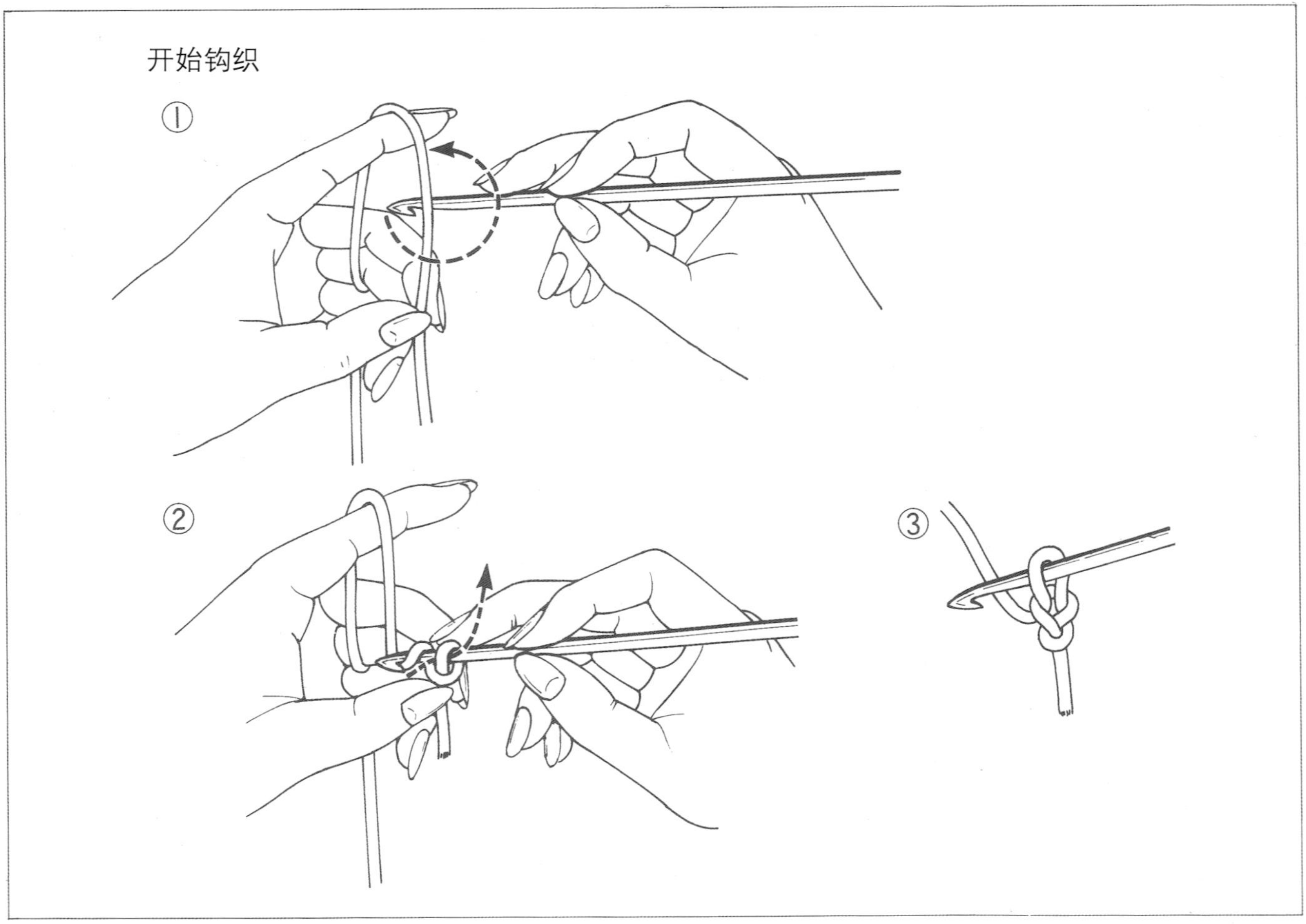

56页作品

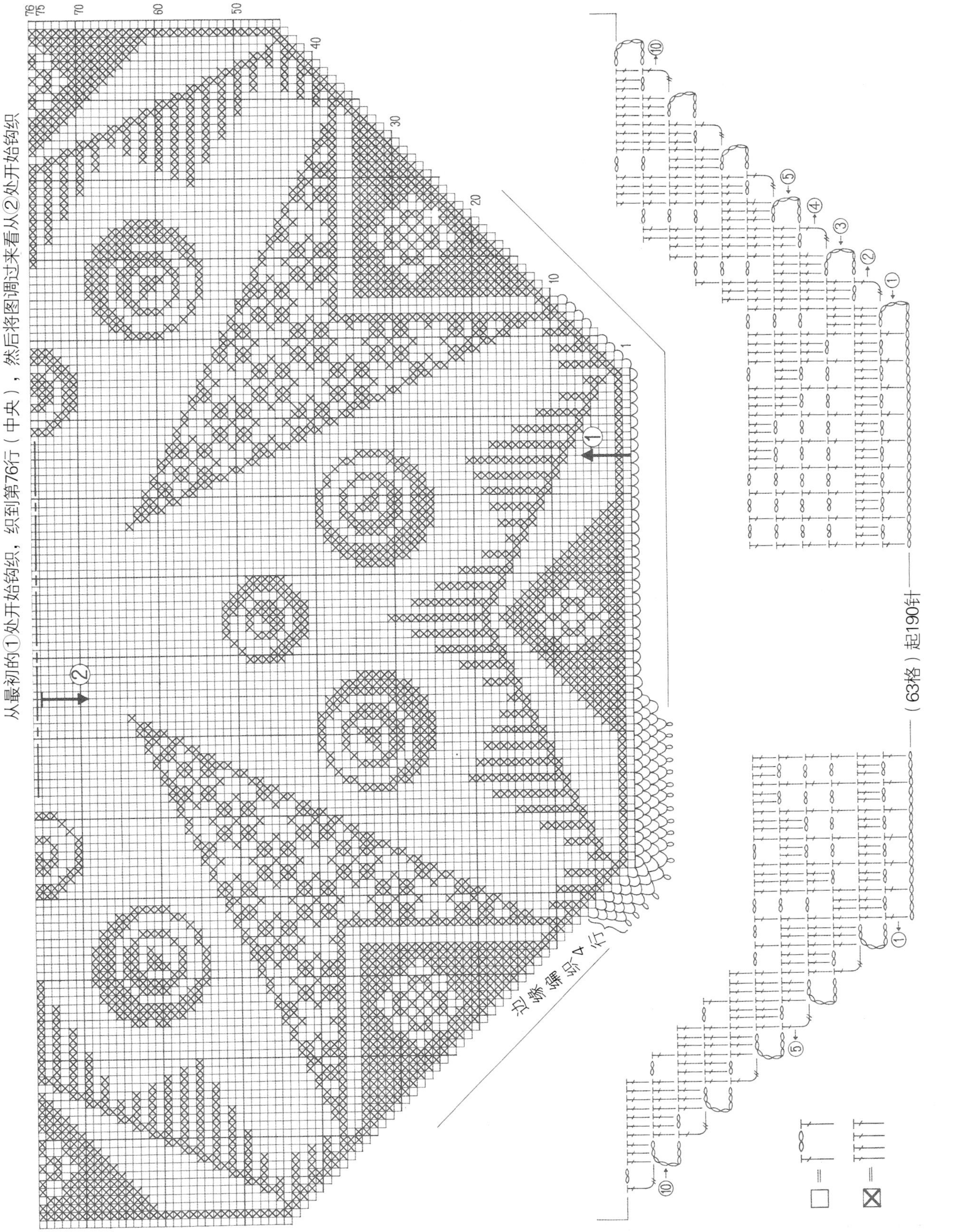

44

方眼花样的台心布

㊹ 42cm × 29cm　钩织方法55页　㊺ 35cm × 29cm　钩织方法62页
㊹ 、㊺ 设计/泉清香

45

45

61页作品

★材料　DARUMA鸭川线30号 白色（1）50g
★工具　CLOVER蕾丝针2号
★成品尺寸　35cm × 29cm
★钩织要点　起106针锁针。第1行…钩织长针。第2行…（加针1格）起3针锁针、立织3针锁针、钩织2针长针。按照图示钩织花样，最后的加针是钩织3针长长针，整理出方角。第3～8行…与第2行要领相同，加针进行钩织。第13行…减针时钩织起点一侧钩织引拔针，钩织终点一侧不钩织。以相同要领钩织到第59行。

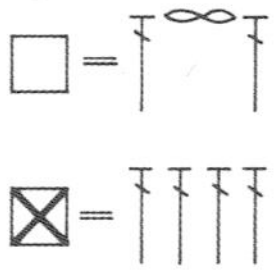

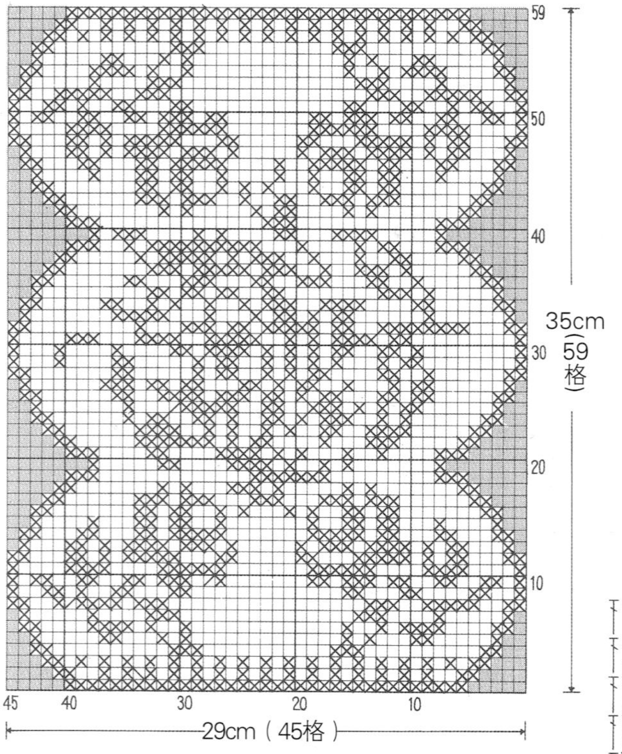

钩织▒以外部分

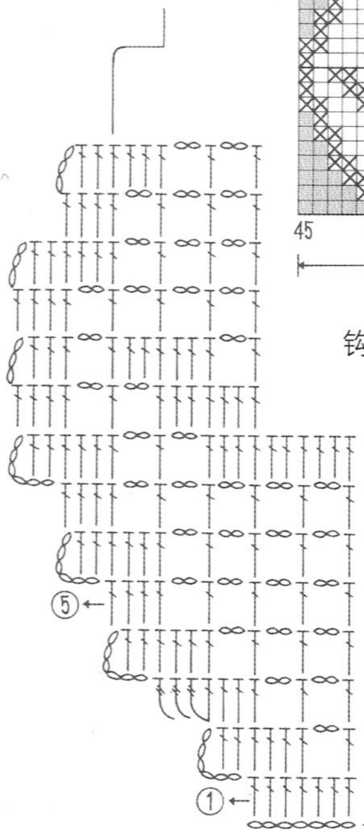

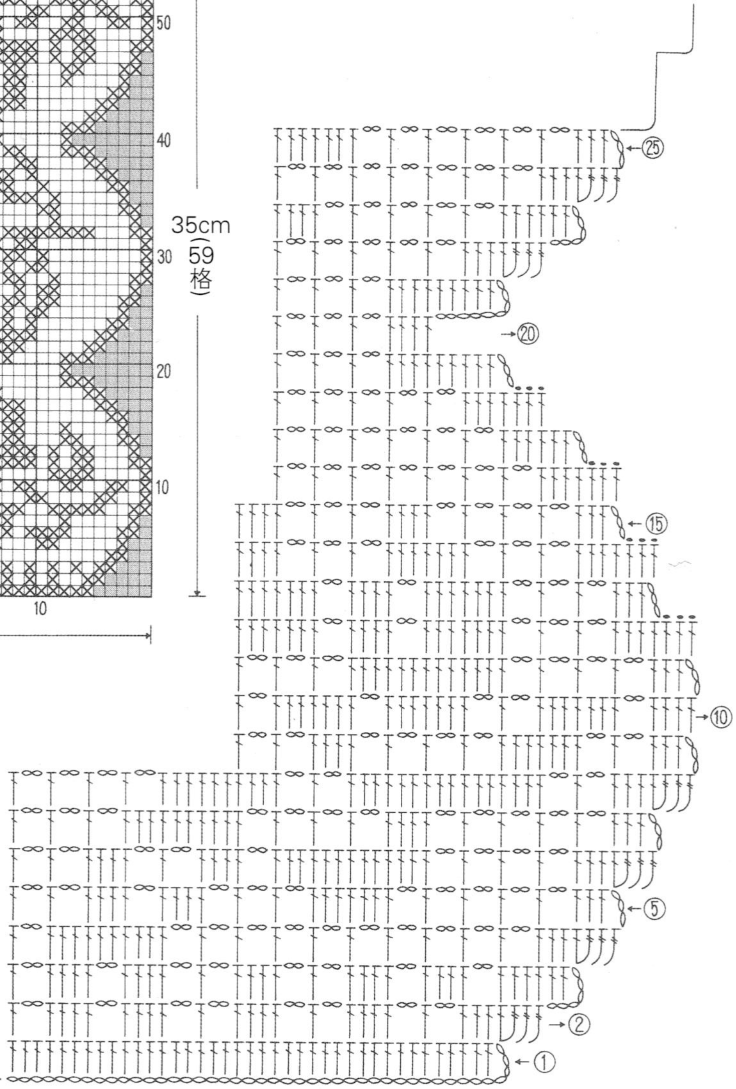

（35格）起106针

46

64页作品

★**材料**　DARUMA鸭川线30号　白色（1）60g

★**工具**　CLOVER蕾丝针4号

★**成品尺寸**　47cm×30cm

★**钩织要点**　起52针锁针。先钩织左侧的6行。第2行…钩织终点的3针要挑起前一针的下部钩织长长针。右侧也起52针锁针钩织，从第7行开始左右连续钩织。按照图示钩织到第69行，从第70行开始左右分别钩织，完成作品。

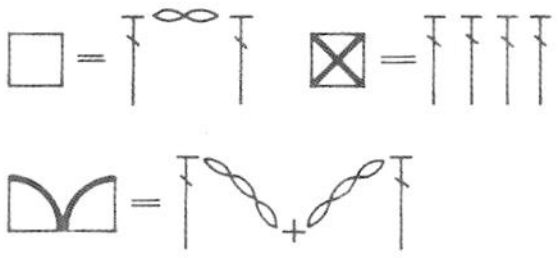

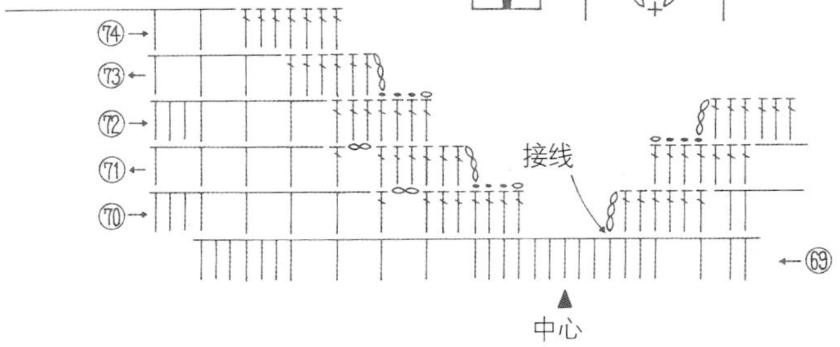

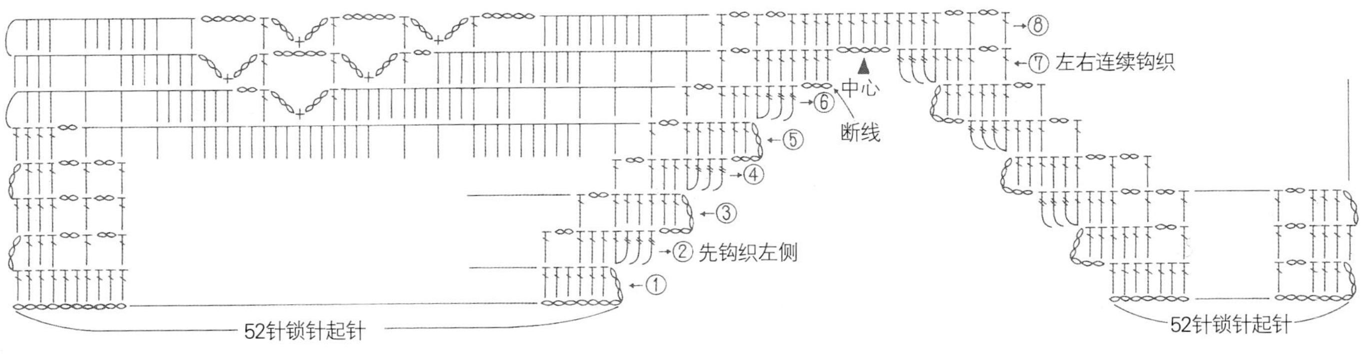

方眼花样的台心布

㊻ 47cm×30cm　钩织方法63页　㊼ 58cm×30cm　钩织方法66页　㊻、㊼ 设计/细野千津子

47

47

65页作品

★材料　DARUMA鸭川线30号 白色（1）50g

★工具　CLOVER蕾丝针4号

★成品尺寸　58cm×30cm

★钩织要点　起4针锁针，如同钩织起点的钩织方法那样，每格做1针加针进行钩织。第22～68行的钩织无加减针，且以第45行为中心花样呈上下对称。从第69行起，左右每格分别做1针减针进行钩织。

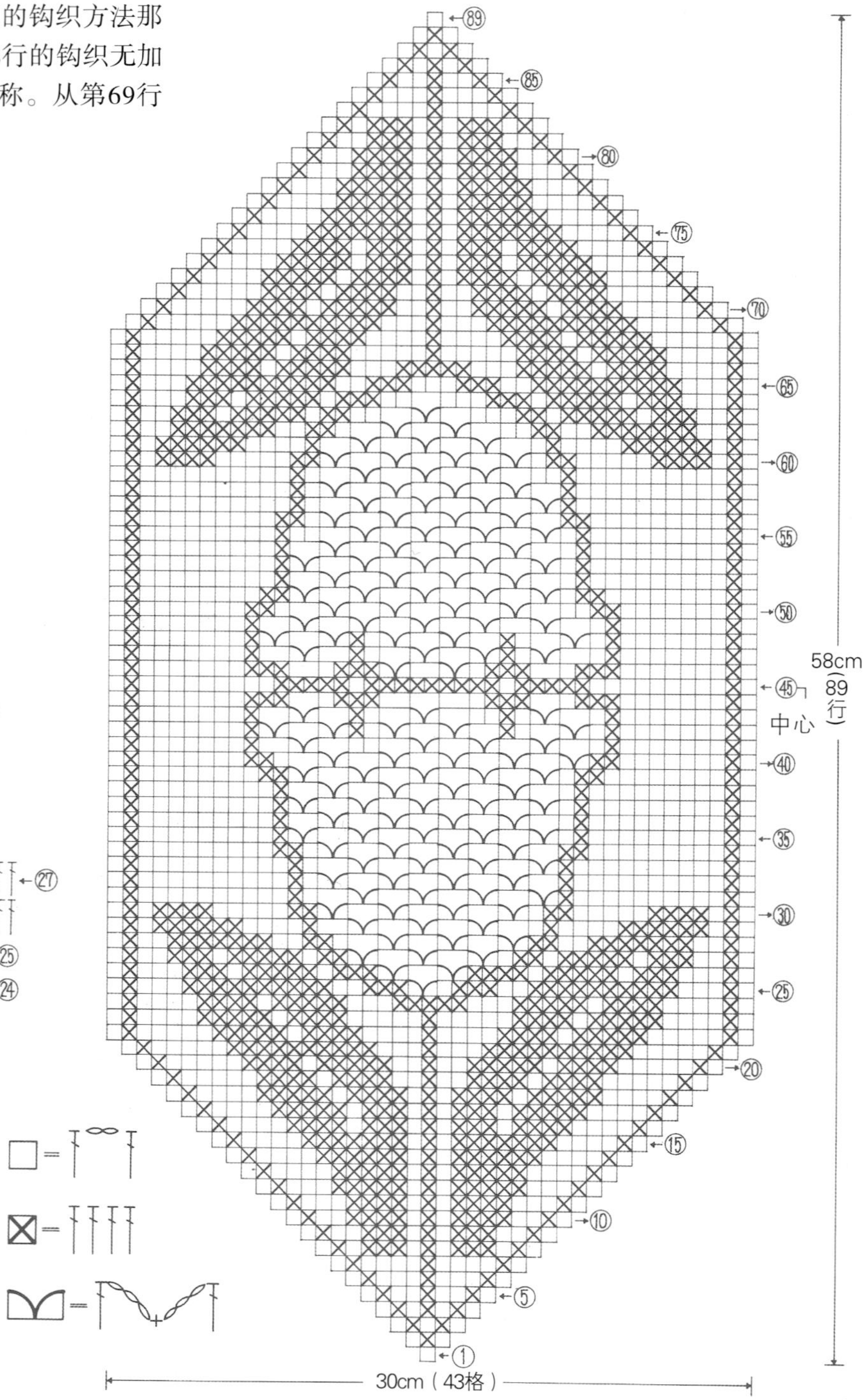

芭蕾舞鞋的钩织方法

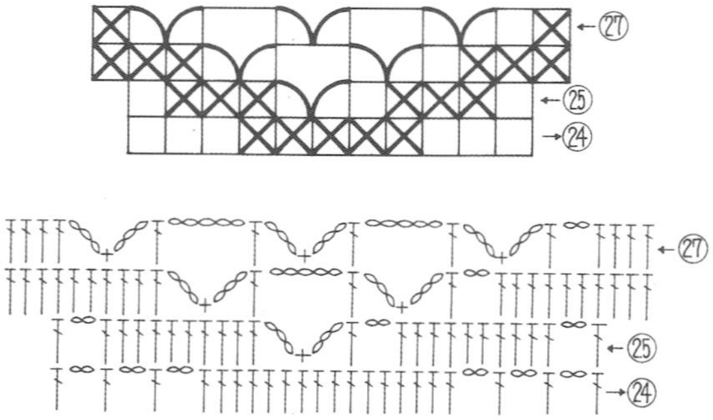

开始钩织的方法

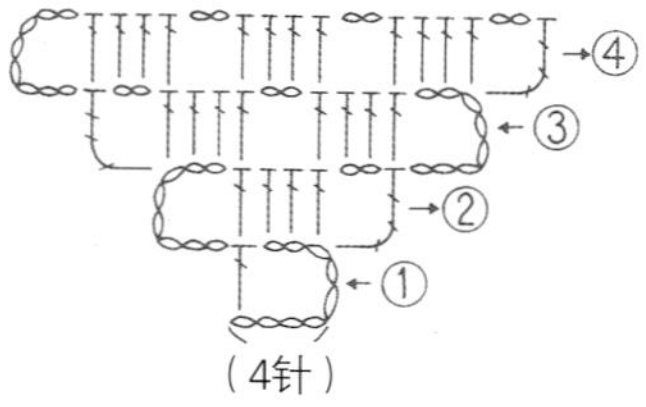

48

68页作品

★材料　DARUMA手工线scull S 驼色（20）70g

★工具　CLOVER蕾丝针2号

★成品尺寸　直径66cm

★钩织要点　钩织12针锁针环形起针。第1行…立织1针锁针，钩织21针短针。第2行…重复钩织“1针短针、20针锁针”，最后钩织10针锁针和8卷长针。第3～11行按照图示针数钩织锁针和短针，第12行…钩织1圈短针。第13行…重复钩织“10针锁针、1针8卷长针、1针7卷长针、1针6卷长针”和5针锁针、“1针6卷长针、1针7卷长针、1针8卷长针、10针短针”、1针短针。第14行…如图所示重复钩织“40针锁针、1针短针”后断线。第15行…接线，钩织短针和锁针直至第25行。第26行…钩织短针。第27行…重复钩织“1针短针、3针锁针（钩织2次1针4卷长针、3针锁针）”。第28行…钩织6针长长针的爆米花针。第29～31行钩织网眼针。

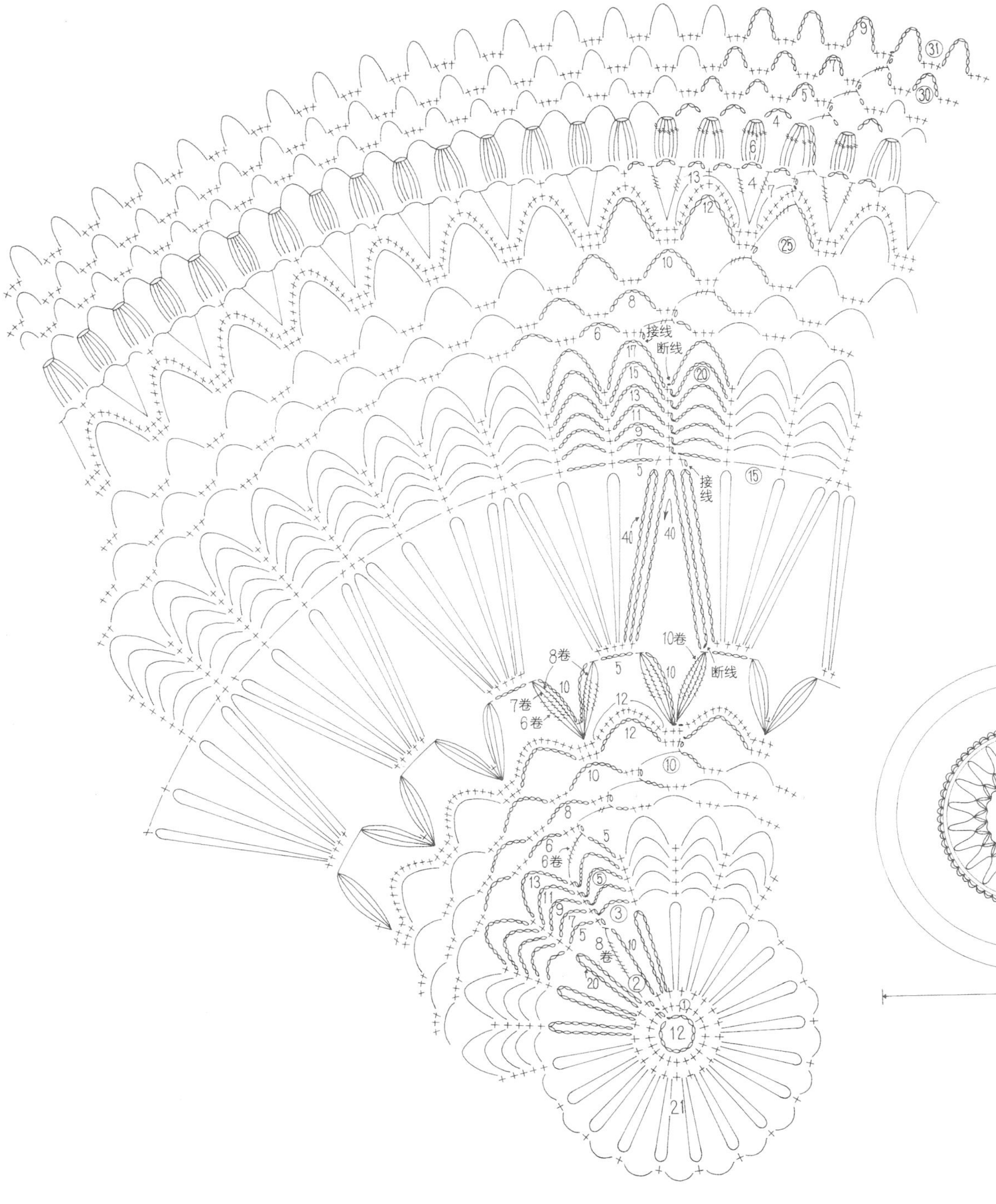

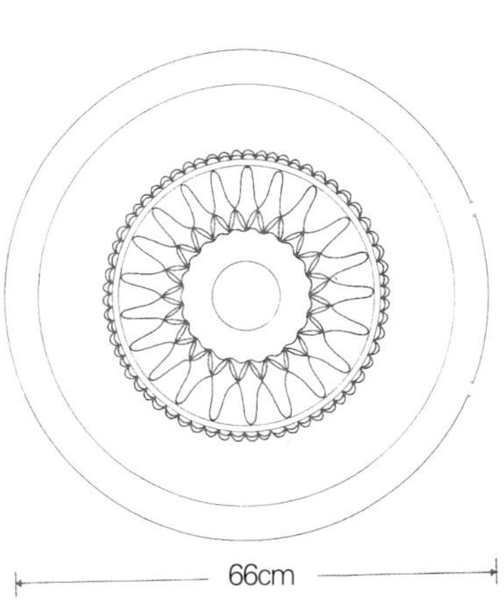

48

简单漂亮的台心布

㊽ 直径66cm　钩织方法67页　设计/桂孝子
㊾ 直径51cm　钩织方法70页　设计/藤本耀子

49

49

69页作品

★材料　DARUMA手工线scull S　浅乳白色（24）50g

★工具　CLOVER蕾丝针2号

★成品尺寸　直径51cm

★钩织要点　钩织7针锁针环形起针。第1行…立织5针锁针，重复15次钩织“2针锁针、1针3卷长针”，引拔固定2针锁针。第2行…钩织1针引拔针，立织3针锁针，钩织一圈“5针锁针、长针的2针并1针（注意挑针位置）”。**A的钩织方法**…起9针锁针，连续钩织7针网眼针，2次2针长针、2针锁针，1针长针。然后按照90页图示与中心花片相连。最后钩织短针缝合在一起。第3行从织片的网眼处开始，重复钩织1针短针、6针锁针。第4行…立织8针锁针，连续钩织5卷长针（从第2个花样开始6卷长针），4卷长针，3卷长针、长长针、长针，之后在针目上头钩织1针引拔针，然后钩织7针锁针。以上，重复钩织。第5～10行…参照图示钩织。**B织片**…与A钩织方法相同。第11行、12行…与第3行、4行钩织方法相同。第13～15行…参照图示钩织。

50

72页作品

★**材料**　DARUMA鸭川线30号 白色（1）230g

★**工具**　CLOVER蕾丝针4号

★**成品尺寸**　直径90cm

★**钩织要点**　第1行…环形起针，立织3针锁针、2针长针，重复5次钩织“2针锁针、3针长针”。最后钩织中长针固定在立织的针目上。第2行…立织3针锁针、钩织1针长针，重复“2针锁针、在前一行的锁针上钩织2针长针、3针锁针、2针长针”。第3行…角处与第2行钩织方法相同，平展部分钩织2针锁针、1针长针的网眼针。从第11行开始进入花样钩织，参照图示。第12行和第24行织入5针长针的枣形针。第72行紧邻长针之后钩织3针锁针的引拔狗牙针，钩织一圈完成作品。

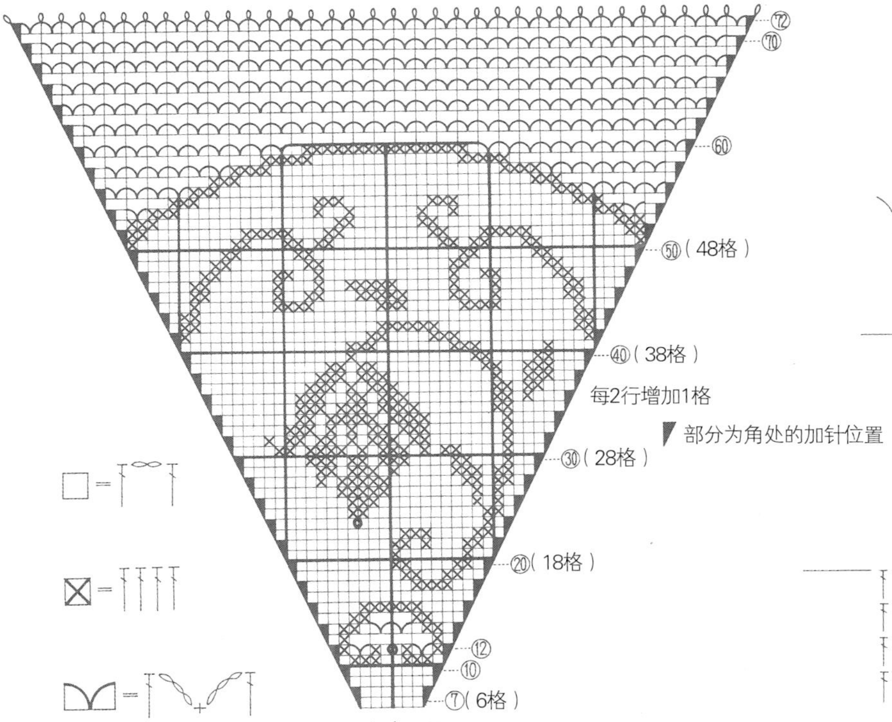

1~6行参照图示
（方格数不含角处）

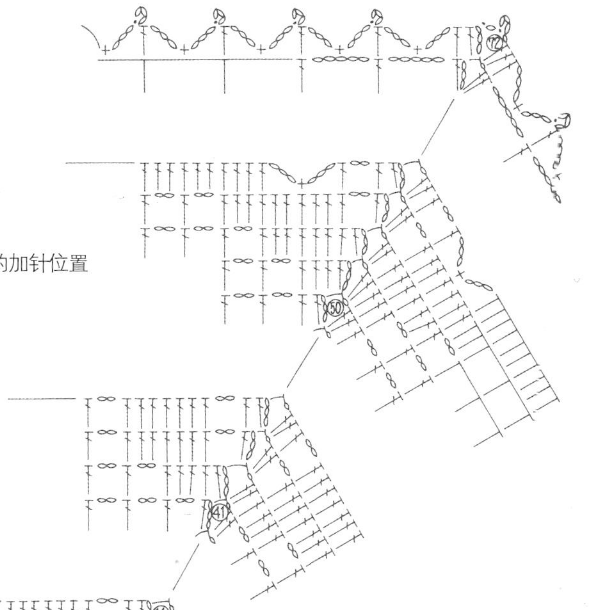

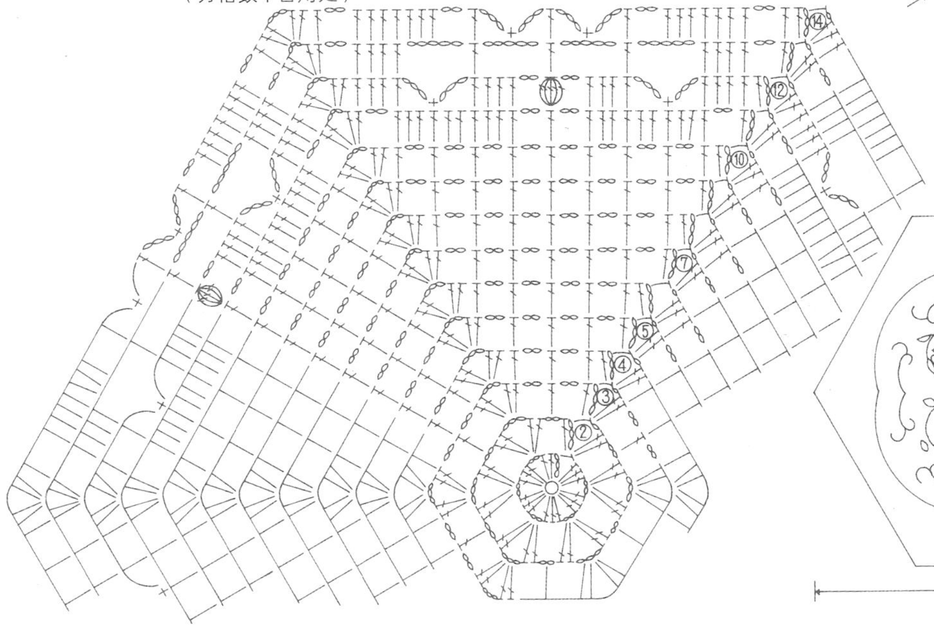

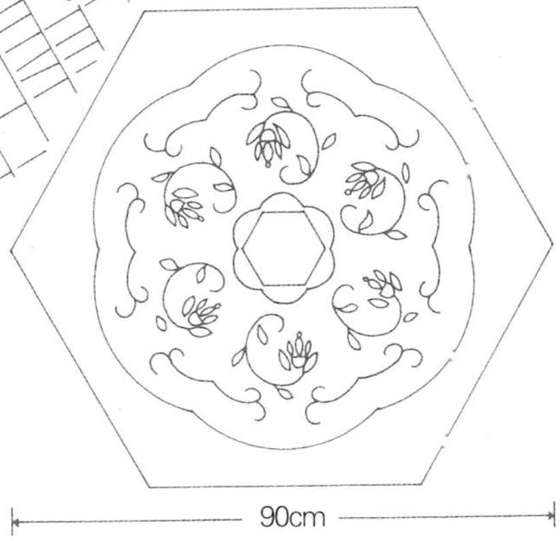

抽象花样的花朵台布

㊿ 直径90cm　钩织方法71页　设计/铃木阳子

2

2页作品

★材料　DARUMA蕾丝线40号 白色（1）15g

★工具　CLOVER蕾丝针8号

★成品尺寸　直径27cm

★钩织要点　第1行…环形起针，立织3针锁针（以下各行相同），钩织23针长针。第2行…重复钩织“5针锁针、1针长针”。第3行…重复钩织“2针长针、2针锁针、2针长针、3针锁针、1针长针、2针锁针、1针长针、3针锁针”。第4～6行锁针数量有所变化。第8～18行贝壳花样间织入菠萝花样，请注意锁针数量。终点行织入3针锁针的引拔狗牙针。

1

★材料　DARUMA鸭川线30号　白色（1）320g

★工具　CLOVER蕾丝针2号

★成品尺寸　直径120cm

★钩织要点　钩织8针锁针环形起针。第1行…钩织24针长针（含立织的针目）。第2行…重复钩织“1针长针、1针锁针”。第3行…锁针变成2针。第4行…锁针变成3针，每2格钩织3针长针（由此分成8个花样）。第5～31行织入2个菠萝花样。第49～81行1个花样织入4个菠萝花样（共计32个）。终点行钩织5针锁针的引拔狗牙针，完成作品。

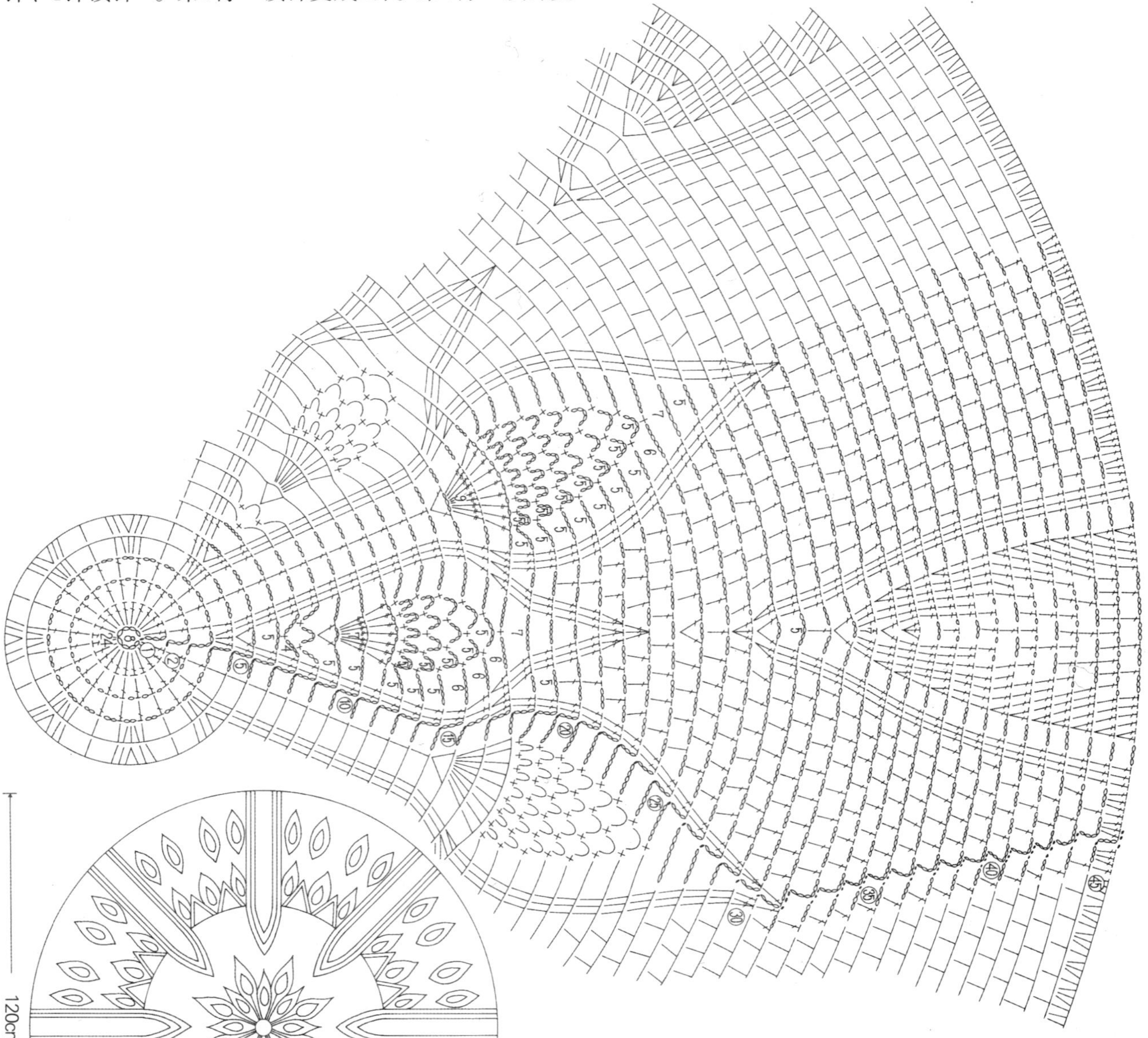

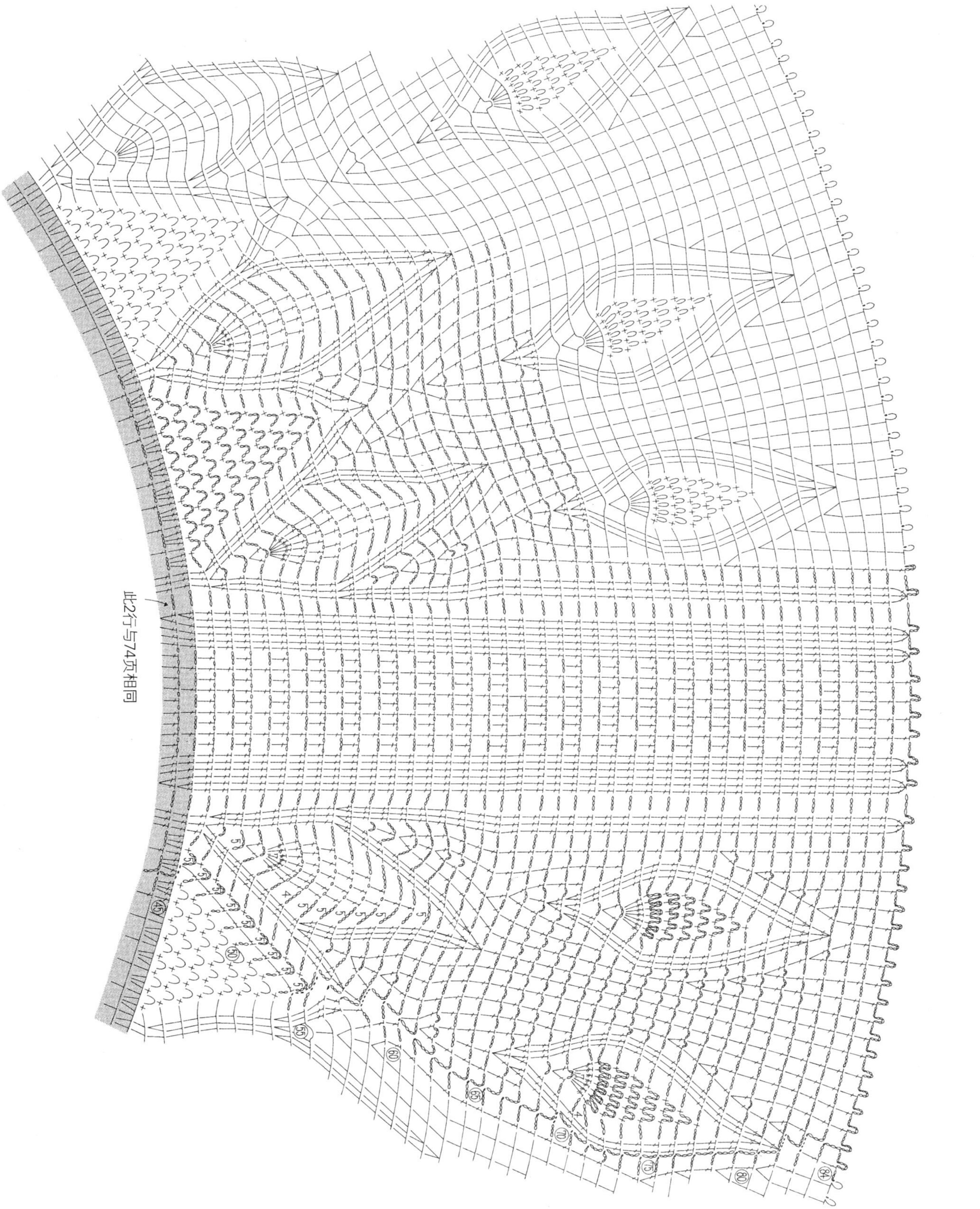
此2行与74页相同
45
50
55
60
65
70
75
80
84

3

2页作品

★**材料**　DARUMA蕾丝线金标40号 白色（298）15g

★**工具**　CLOVER蕾丝针8号

★**成品尺寸**　直径25cm

★**钩织要点**　第1行…环形起针，立织3针锁针，钩织15针长针。第2行…重复钩织5针锁针、前一行隔1针织1针长针。第3行…重复钩织“3针锁针、5针长针”。第4行之后的钩织方法相同，第7～16行织入菠萝花样。第20～22行织入4针长针的枣形针。终点行织入3针锁针的引拔狗牙针，完成作品。

4

3页作品

★材料 DARUMA蕾丝线40号 白色（1）15g

★工具 CLOVER蕾丝针8号

★成品尺寸 直径29cm

★钩织要点 第1行…环形起针，钩织12针短针。第2行…立织7针锁针，重复11次钩织“5针锁针、1针5卷长针”，5针锁针后固定。第3行…立织3针锁针，钩织3针锁针、1针长针。然后重复钩织“5针锁针、1针长针、3针锁针（在与之前的长针同一位置织1长针）”。第4行之后变成6个花样。从第18行开始织入3针长针的枣形针。终点行钩织3针锁针的引拔狗牙针加以装饰。

环形（锁针）的起针方法

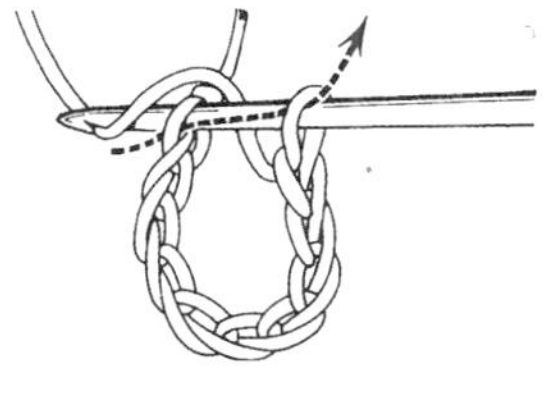

圆形钩织的引拔针

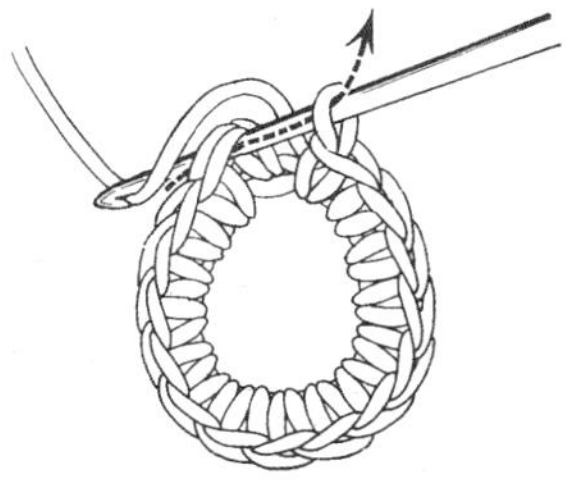

5

4页作品

★材料　DARUMA蕾丝线40号 白色（1）40g

★工具　CLOVER蕾丝针8号

★成品尺寸　直径38cm

★钩织要点　第1行…环形起针，立织3针锁针，重复15次钩织“1针锁针、1针长针”，1针锁针后固定。第2行…将其间的锁针变为3针。第3行…分别在前一行的每针长针上钩织2针和1针长针，其间的锁针变成3针。第4行之后加针钩织，注意多次织入菠萝花样。终点行钩织3针锁针的狗牙针，完成作品。

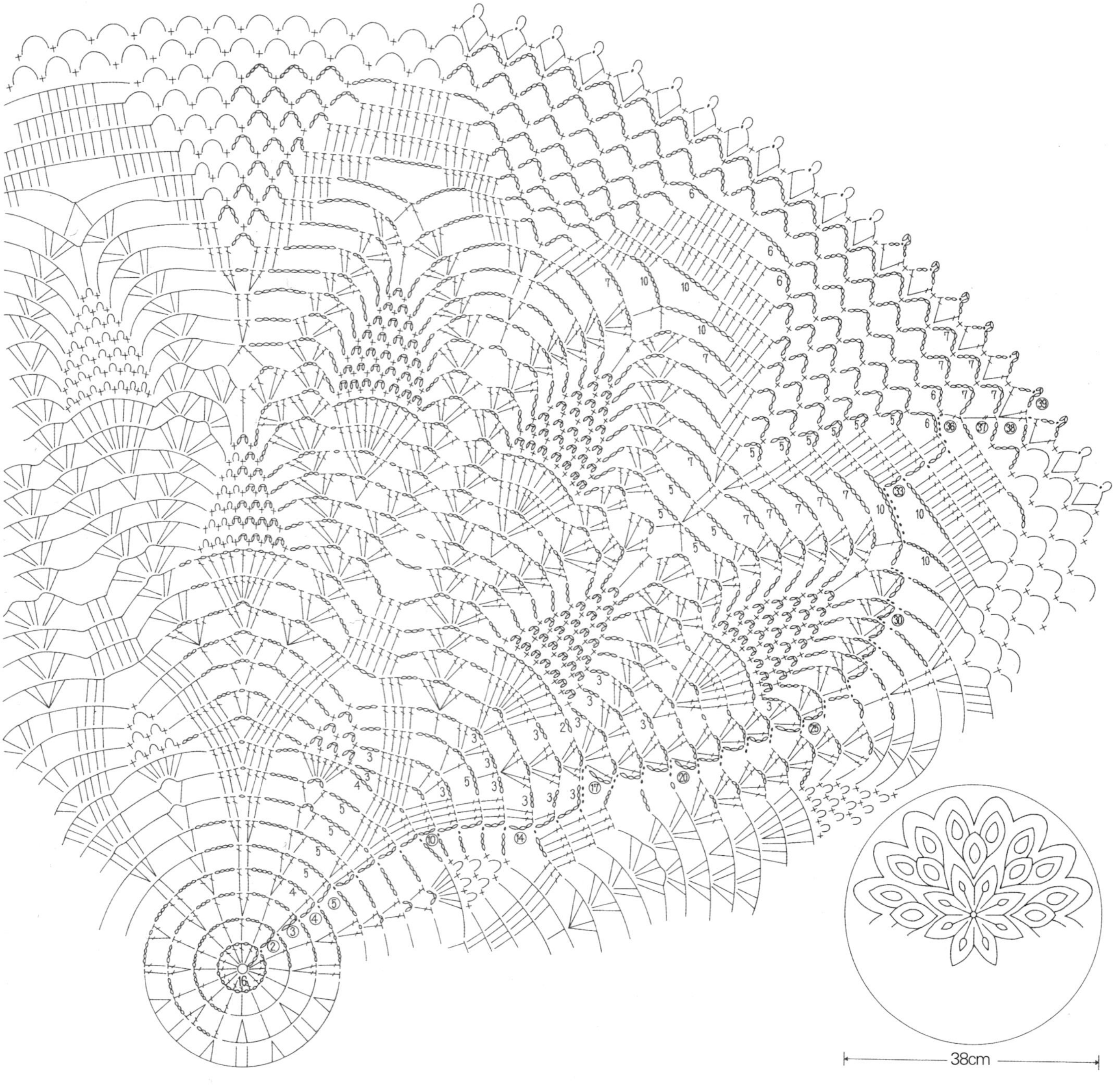

6

5页作品

★材料　DARUMA蕾丝线40号 白色（1）35g
★工具　CLOVER蕾丝针8号
★成品尺寸　直径33cm
★钩织要点　第1行…环形起针，立织4针锁针，重复11次钩织“3针锁针、1针长长针”，1针锁针和1针中长针，织成环圈。第2行…重复钩织4针锁针、1针短针。第3行将锁针变成5针。第4行之后均按照图示钩织。从背面将第28行引拔固定在第26行的线圈上，再钩织第29行。

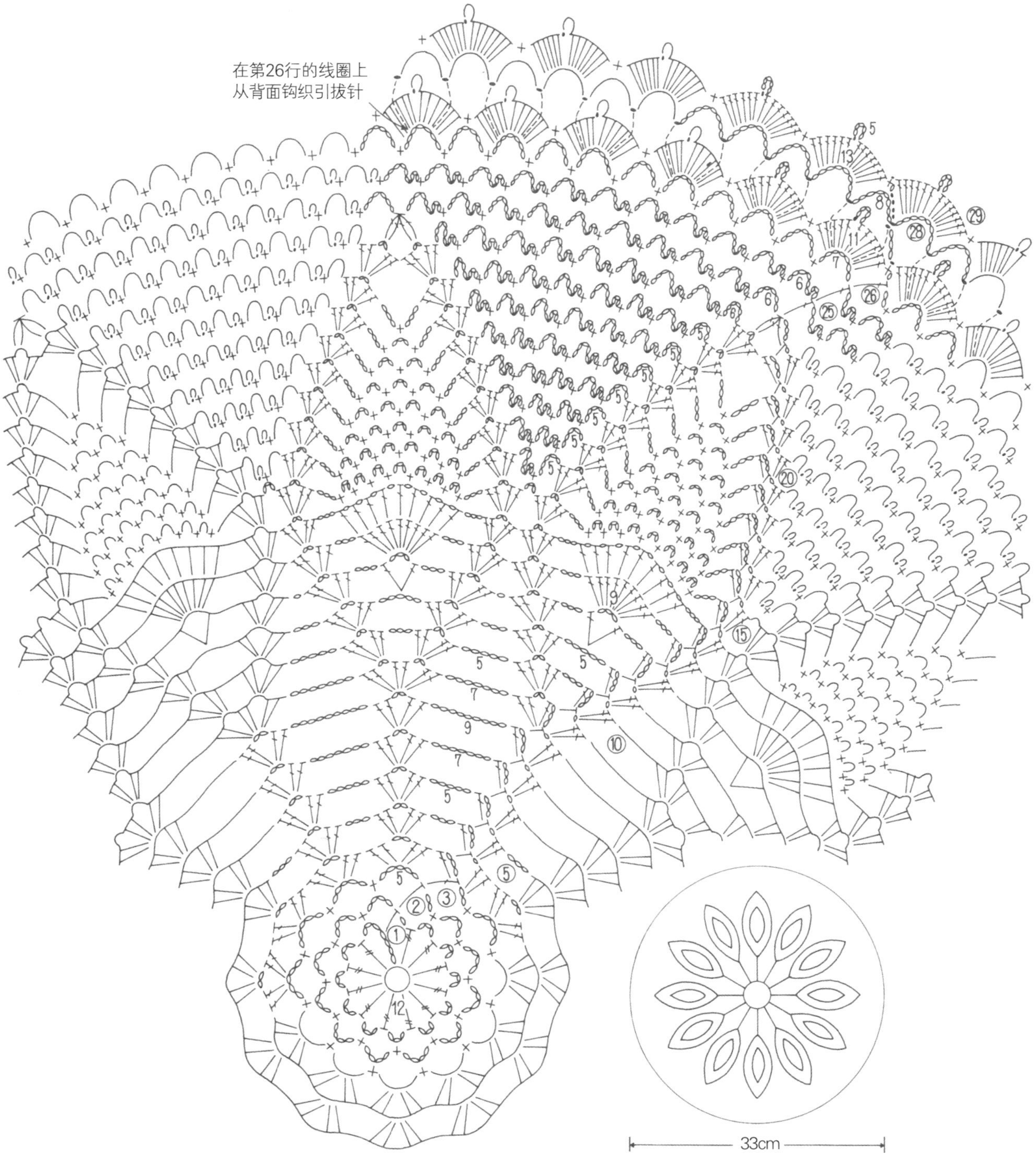

7

6页作品

★材料　DARUMA蕾丝线金标40号 白色（298）10g

★工具　CLOVER蕾丝针8号

★成品尺寸　直径20cm

★钩织要点　第1行…环形起针，钩织24针长长针（含立织的针目）。第2行…重复钩织“2针长长针、2针锁针”。第3行…钩织2针引拔针，重复钩织“2针长长针、2针锁针、4针长长针（注意挑针的位置）、3针锁针、2针长长针”。第4行之后均按照图示进行钩织，第8～16行织入菠萝花样，并在第14～18行织入3针长长针的枣形针。

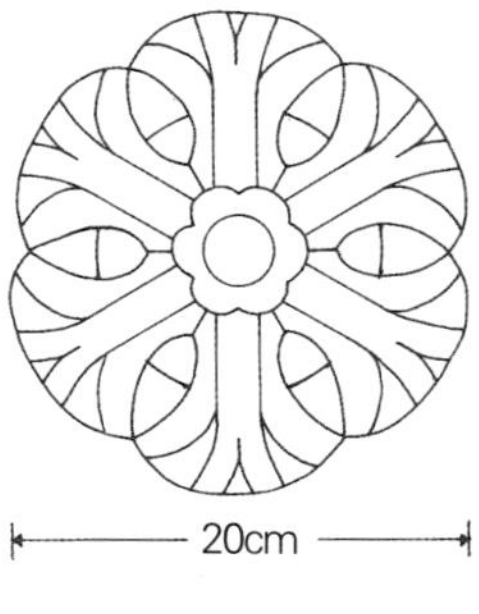

8

6页作品

★材料　DARUMA蕾丝线金标40号 白色（298）10g

★工具　CLOVER蕾丝针8号

★成品尺寸　直径24cm

★钩织要点　钩织8针锁针环形起针。第1行…重复8次钩织“2针长针（含立织的针目）、1针锁针”。第2行…在前一行的锁针上重复钩织“2针长针、1针锁针、2针长针、1针锁针”。第3～16行通过增减长针钩织菱形花样。第17～23行钩织长针的2针并1针，第23行织入3针长针的枣形针。第18行、22行和24行都是接续前一行钩织引拔针后开始钩织。

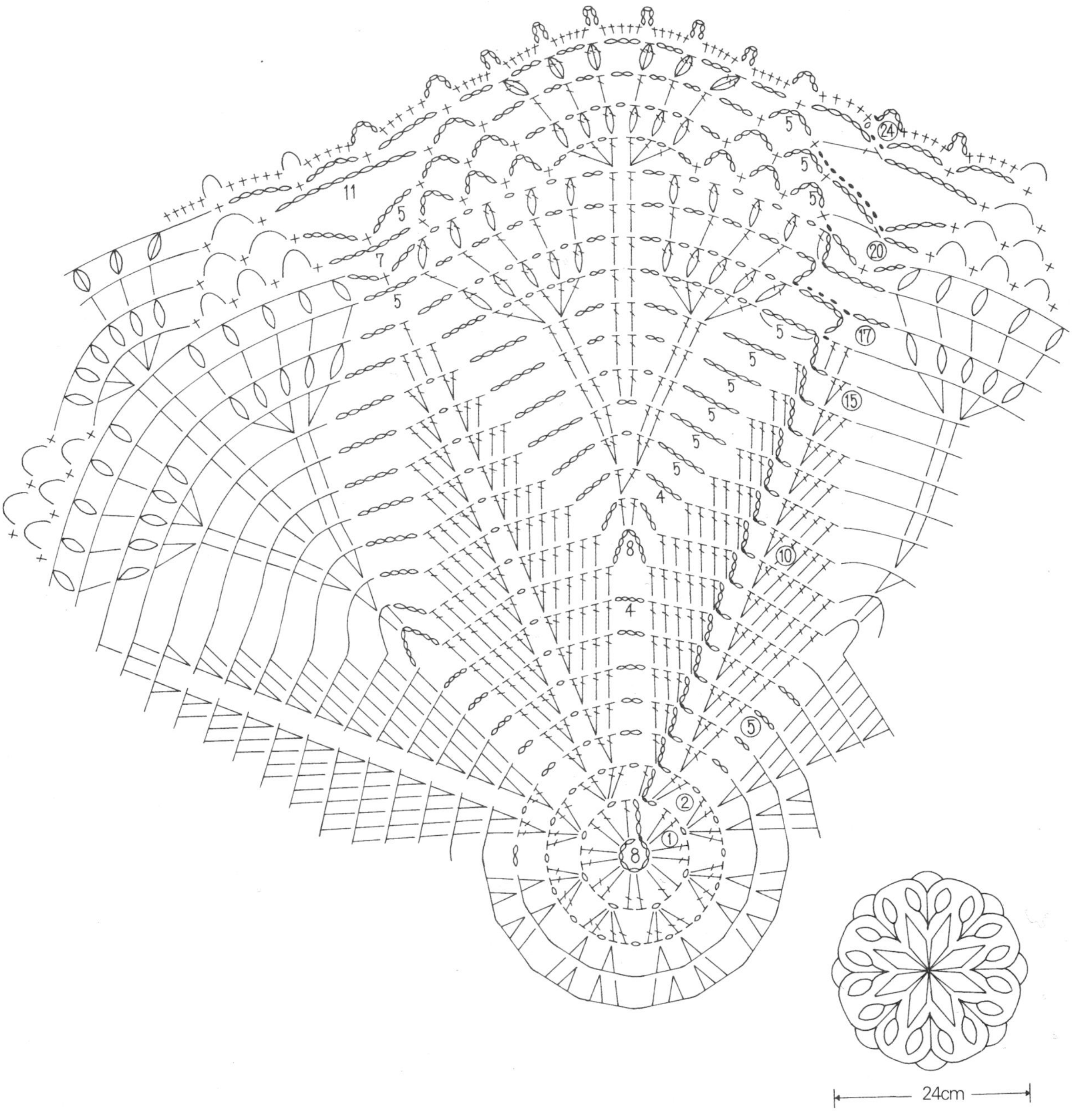

9

6页作品

★材料　DARUMA蕾丝线金标40号 白色（298）10g

★工具　CLOVER蕾丝针8号

★成品尺寸　直径21.5cm

★钩织要点　钩织8针锁针环形起针。第1行…立织1针锁针，重复8次钩织“1针短针、10针锁针”。钩织5针引拔针。第2行…立织3针锁针（以下要领相同），重复钩织“3针锁针、1针长针、3针锁针、1针长针”。第3行…钩织2针长针的贝壳针和锁针，并以短针固定。第4行…和第3行相似，钩织3针长针的贝壳针。从第5行开始变成长长针，从第6行开始织入菠萝花样。

10

7页作品

★材料　DARUMA蕾丝线金标40号 白色（298）10g

★工具　CLOVER蕾丝针8号

★成品尺寸　直径20cm

★钩织要点　钩织8针锁针环形起针。第1行…钩织16针短针。第2行…立织4针锁针，钩织长长针的2针并1针。重复7次钩织“5针锁针、3针长长针的枣形针”，钩织5针锁针。用相同方法钩织枣形针花样直到第5行。第6行…重复钩织17针短针和5针锁针，第7行之后钩织网眼针和长长针。第19行…钩织3针长长针的枣形针和锁针，并以短针固定。

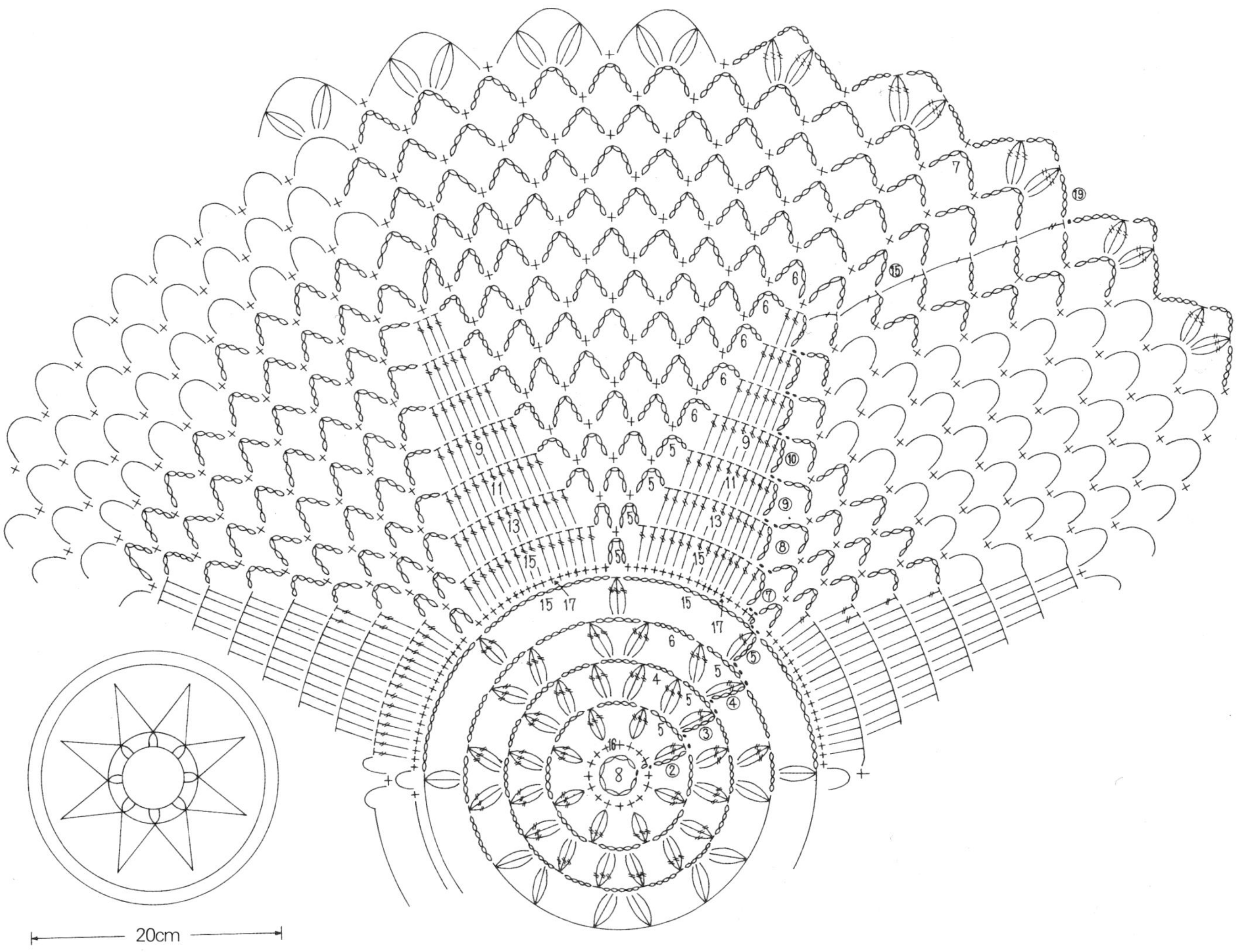

11

7页作品

★材料 DARUM蕾丝线金标40号 白色（298）10g

★工具 CLOVER蕾丝针8号

★成品尺寸 直径23cm

★钩织要点 第1行…环形起针，重复8次钩织“1针长长针（含立织的针目）、3针锁针”。第2行…在前一行锁针上重复钩织“5针长长针、2针锁针”。第3行…重复钩织“7针长长针（两端挑起前一行的锁针）、3针锁针”。第4行…重复钩织“长长针的5针并1针1次、4针锁针、前一行锁针上钩织5针长长针、4针锁针”。之后重复钩织第2～4行的花样，网眼针部分的终点处用长长针与6卷长针连接。

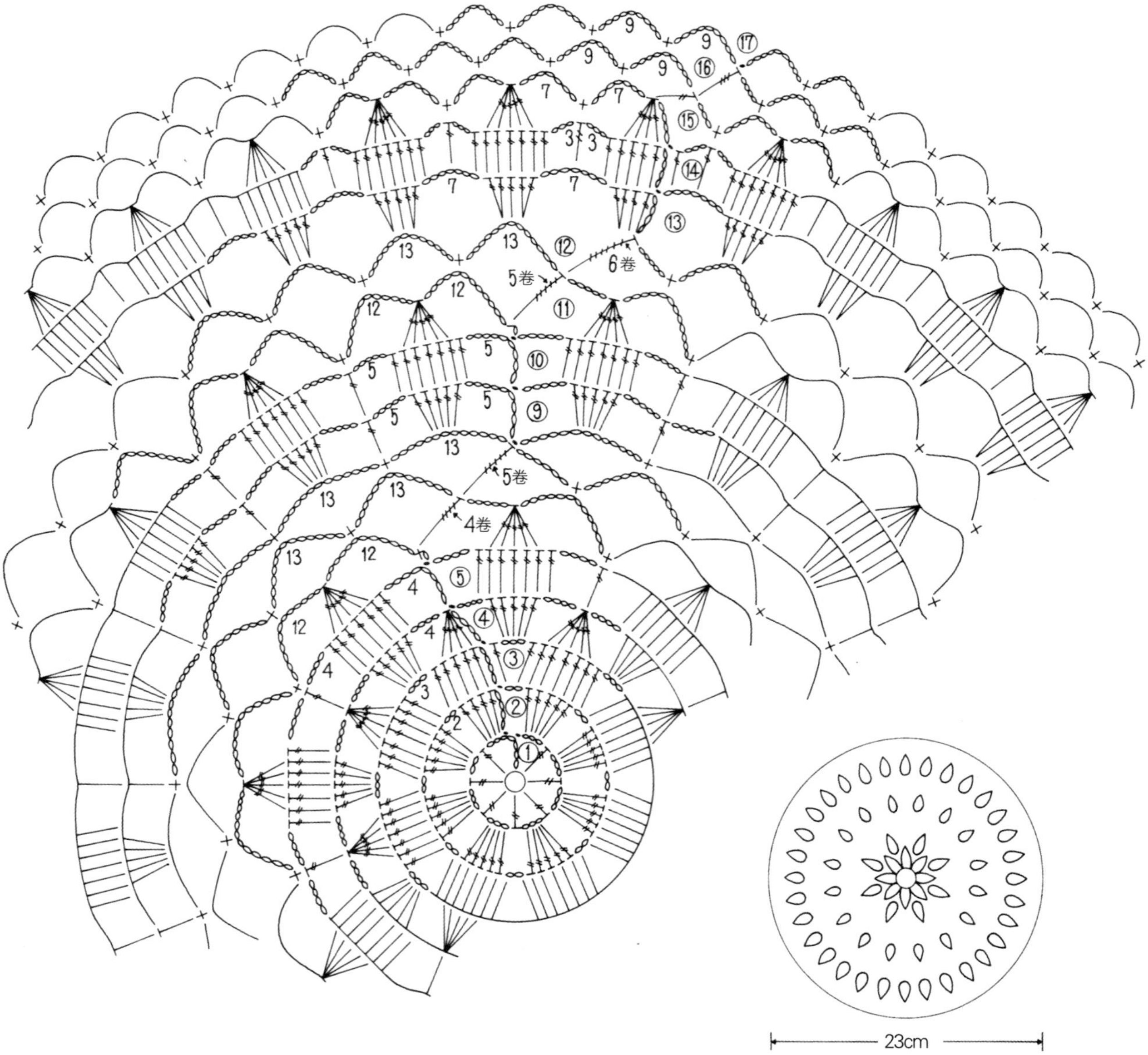

12

7页作品

★**材料**　DARUMA蕾丝线金标40号 白色（298）10g

★**工具**　CLOVER蕾丝针8号

★**成品尺寸**　直径17cm

★**钩织要点**　钩织6针锁针环形起针。第1行…立织3针锁针，钩织15针长针。第2行…立织4针锁针，钩织1针长长针。然后重复钩织“3针锁针、长长针2针并1针”。之后按照图示进行钩织，第5行钩织3针长长针的枣形针。第20行注意混合钩织5针长针并1针、4针长针的枣形针、4针长针并1针。

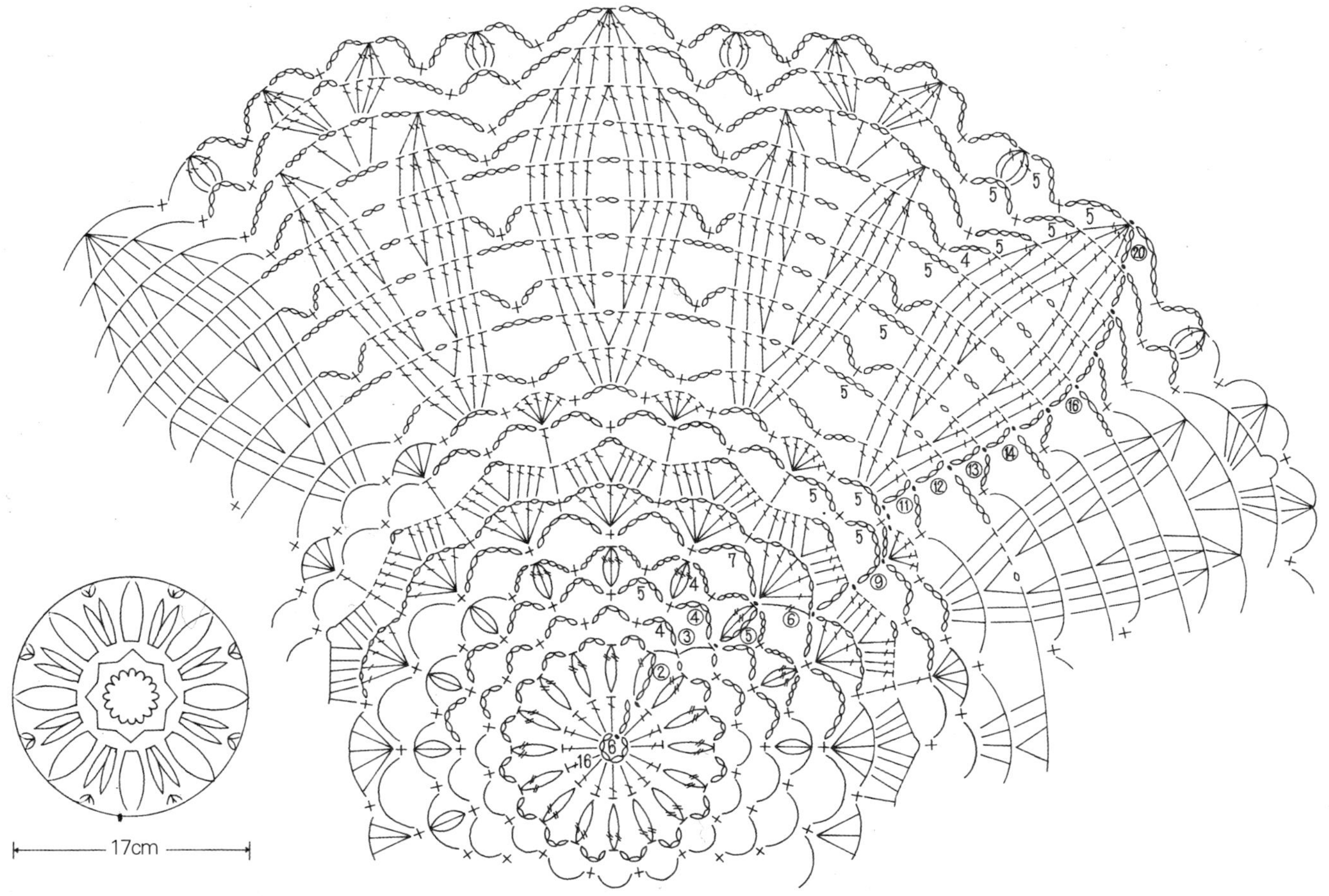

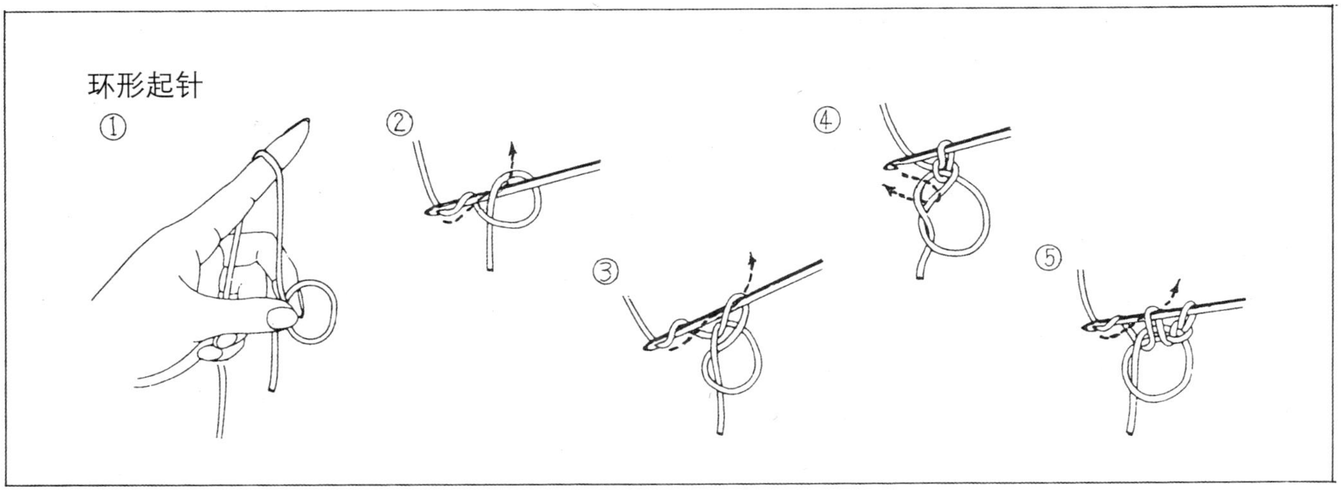

13

8页作品

★材料　DARUMA蕾丝线金标40号 白色（298）10g
★工具　CLOVER蕾丝针8号
★成品尺寸　直径24cm
★钩织要点　第1行…环形起针，钩织12针短针。第2行…重复5次钩织“1针短针、5针锁针”，终点处变成2针锁针、1针长针。第3行…重复钩织“7针锁针、1针短针、2针锁针、3针锁针的引拔狗牙针、2针锁针、1针短针”。第4行…钩织3针引拔针后，重复钩织“7针长针（含立织的针目）、5针锁针”。第6～10行织入3针长针的枣形针。终点行钩织3针锁针的引拔狗牙针，完成作品。

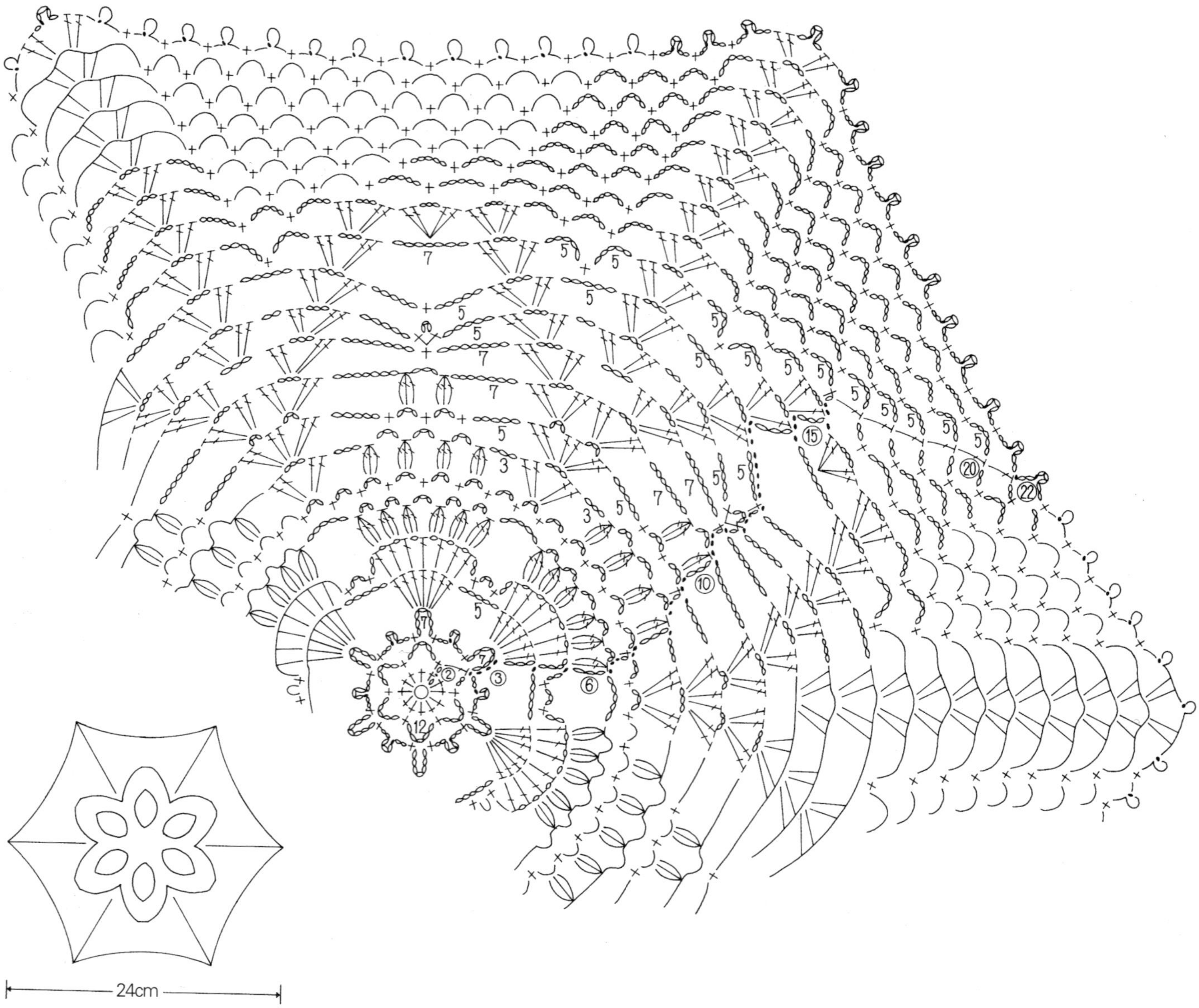

14

8页作品

★材料　DARUMA蕾丝线金标40号 乳白色（204）10g

★工具　CLOVER蕾丝针8号

★成品尺寸　17cm×17cm

★钩织要点　第1行…环形起针，重复4次钩织“2针长针（含立织的针目）、5针锁针”。第2行…长针加针至6针长针。第3行…钩织2针引拔针，重复钩织“4针长针、5针锁针”。之后以相同方法进行钩织，但请注意锁针针数、长针针数的变化。终点行钩织3针锁针的引拔狗牙针，完成作品。

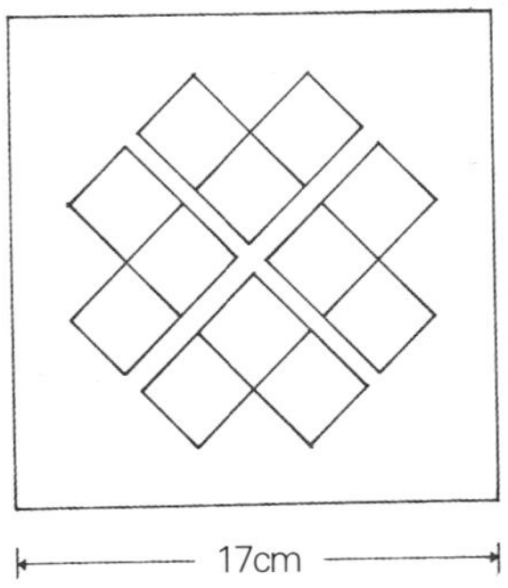

15

8页作品

★材料　DARUMA蕾丝线金标40号 白色（298）10g

★工具　CLOVER蕾丝针8号

★成品尺寸　直径22cm

★钩织要点　第1行…环形起针，立织3针锁针，重复7次钩织“3针锁针、1针长针”，1针锁针、1针中长针。第2行…重复钩织“5针锁针、1针短针”，最后钩织2针锁针、1针长针。第3行…立织3针锁针（以后要领与前述相同）、2针长针，重复钩织“5针锁针、3针长针”，注意挑针位置。之后钩织方法相同，第6行的钩织起点处钩织3针引拔针后开始钩织。终点行交替钩织3针锁针的引拔狗牙针和锁针狗牙针，完成作品。

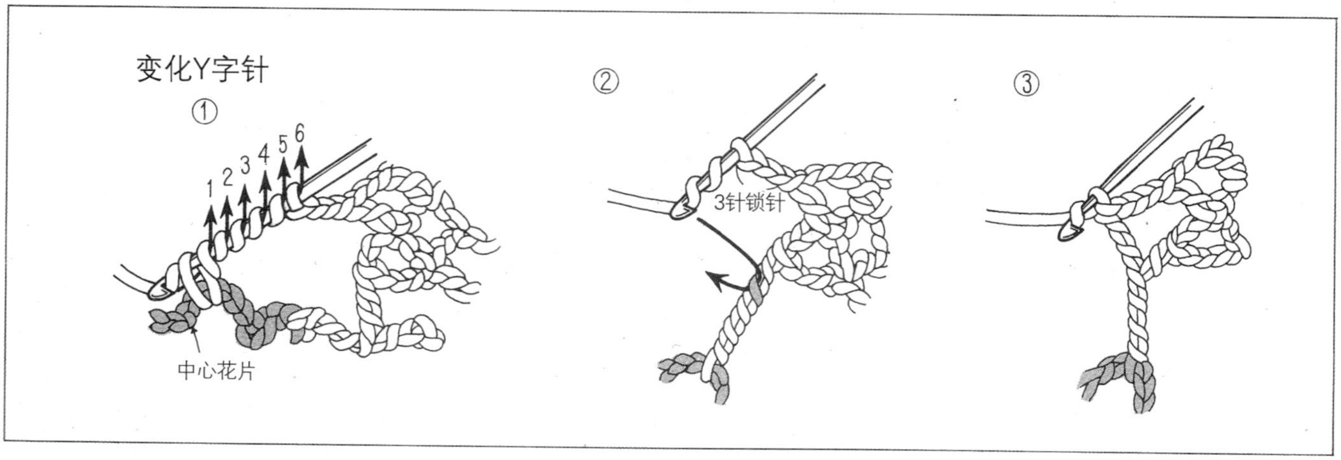

16

9页作品

★材料　DARUMA蕾丝线金标40号 白色（213）10g

★工具　CLOVER蕾丝针8号

★成品尺寸　直径20cm

★钩织要点　第1行…环形起针，立织1针锁针，钩织16针短针。第2行…重复钩织“1针长针、3针锁针”，最后终点处钩织1针锁针、1针中长针（以后要领相同）。第3行…重复钩织“5针锁针、1针短针”。第4行…重复钩织“3针长长针的枣形针、7针锁针”。第5行…钩织7针锁针的网眼针。第6行…重复钩织“1针长针、8针锁针、挑起锁针的第1针钩织1针长针的条纹针、1针长针、1针锁针、1针短针、3针锁针的引拔狗牙针1个、1针短针、1针锁针”。终点处钩织引拔针后，开始钩织第7行。第7～16行钩织网眼针和枣形针，第17行和第6行钩织方法相同。第18行…钩织9针长针的松叶针和锁针狗牙针，完成作品。

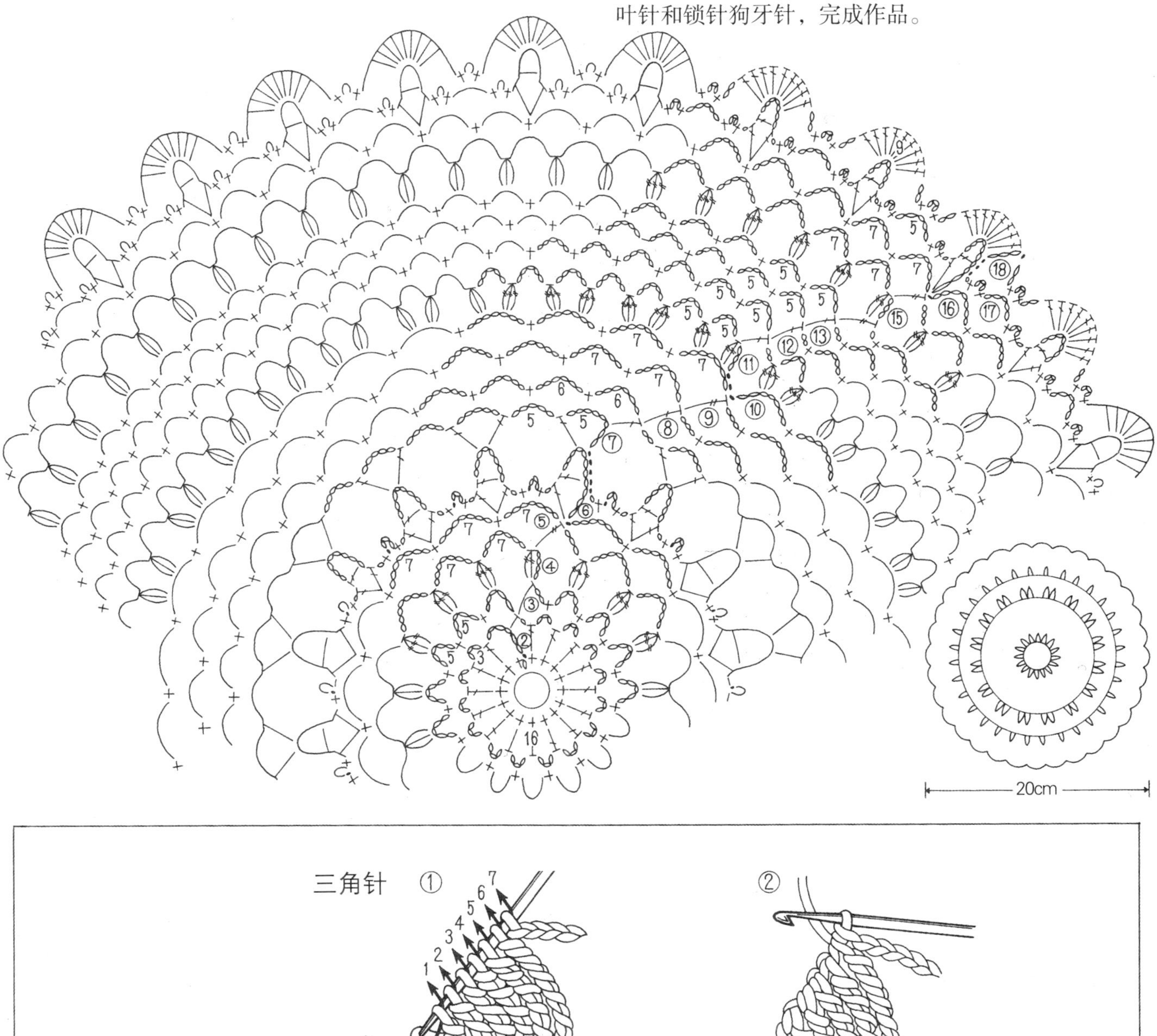

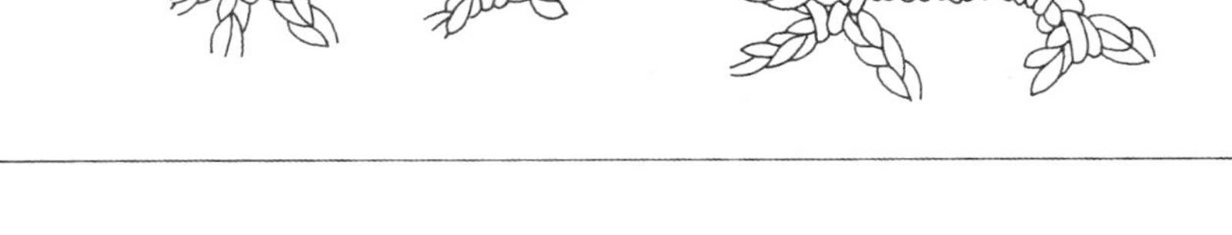

17

9页作品

★**材料**　DARUMA蕾丝线金标40号 白色（298）10g

★**工具**　CLOVER蕾丝针8号

★**成品尺寸**　直径19.5cm

★**钩织要点**　第1行…环形起针，钩织16针短针。第2行…立织3针锁针（以下相同），重复钩织“5针锁针、2针长针并1针（放掉1针短针后挑针）”。第3行…重复钩织“1针短针、5针锁针”。第4行…重复钩织“2针长针、3针锁针、2针长针、1针锁针、1针短针、3针锁针的引拔狗牙针、1针短针、1针锁针”。然后变化针数进行钩织，第17行…钩织3针锁针的引拔狗牙针，完成作品。

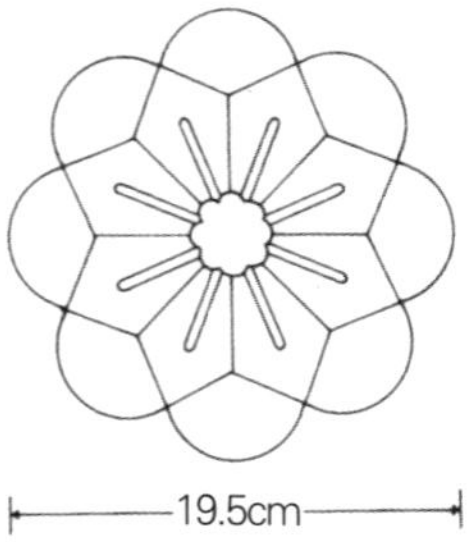

22、23

13页作品

★材料　DARUMA蕾丝线金标40号　22=白色（298）10g，23=绿色、浅紫色、黄色、蓝色、粉色星点（702）30g

★工具　CLOVER蕾丝针8号

★成品尺寸　22=直径21cm、23=直径39cm

★钩织要点　22、23相同。第1行…环形起针，重复12次钩织“2针长针（含立织的针目）、3针锁针”。第2行…钩织2针引拔针后，重复钩织“2针长针、4针锁针、2针长针”。从第3行开始增加锁针和长针的针数进行钩织，如果锁针数较多，需要在织入下一行时用6卷或9卷长针代替锁针。22织到第8行，23连续织到第12行，完成作品。

23

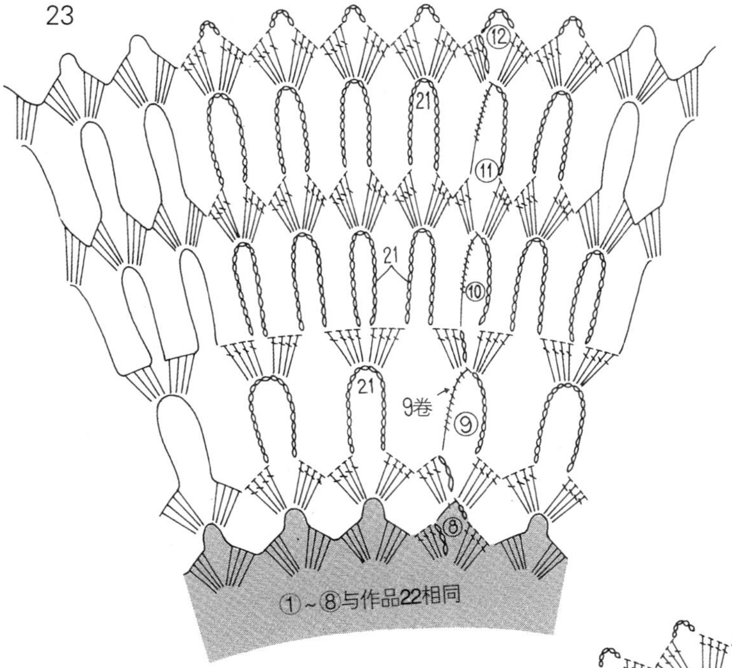

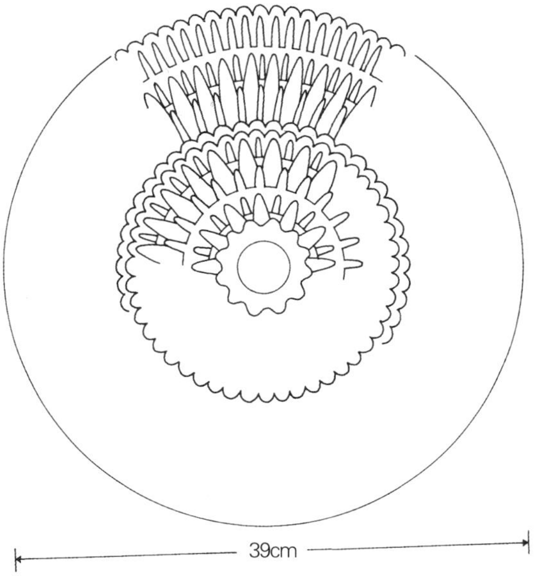

22

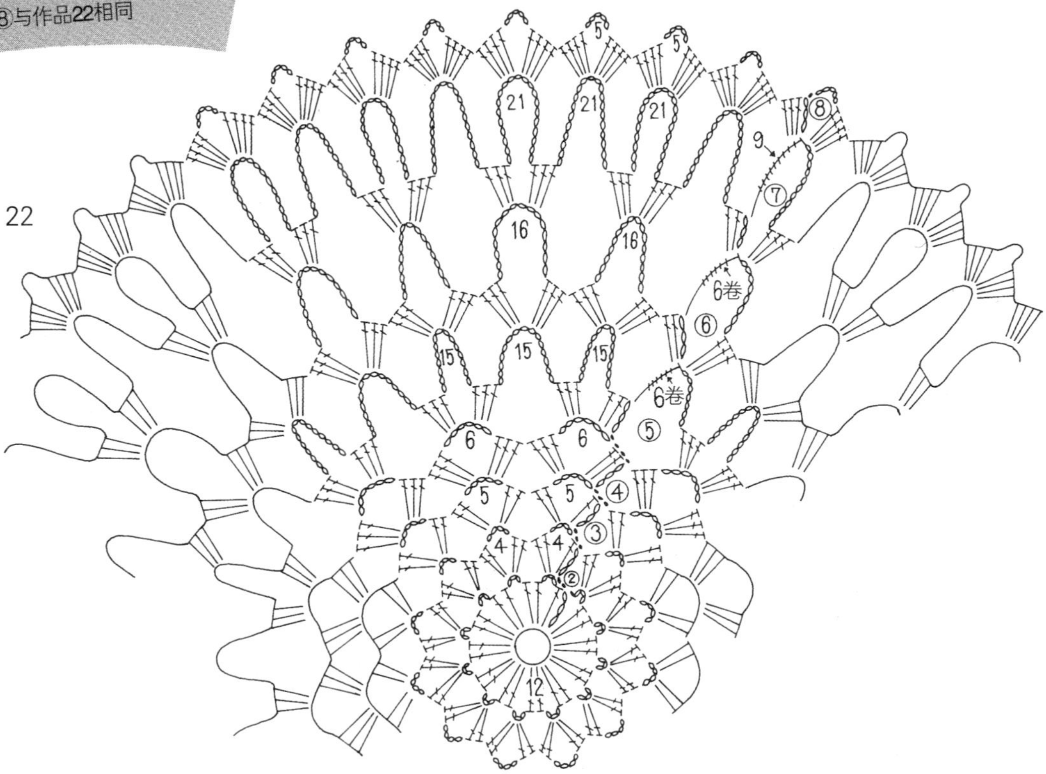

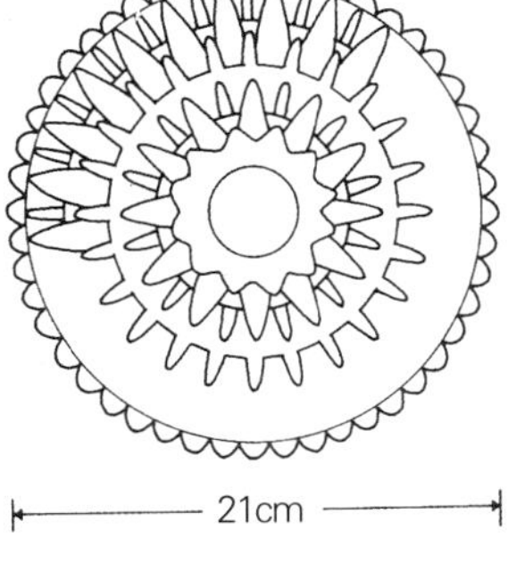

27

24页作品

★材料　DARUMA蕾丝线金标40号　浅黄色（205）、蓝色（224）各10g

★工具　CLOVER蕾丝针6号

★成品尺寸　直径28cm

★钩织要点　第1行…用蓝色线环形起针，立织4针锁针，钩织24针长长针。第2行…用浅黄色线重复钩织1针锁针、1针长长针。第3～12行…奇数行用蓝色线，偶数行用浅黄色线交替钩织。第14行、15行用蓝色线，第16行、17行用浅黄色线。第18行用蓝色线，第19行用浅黄色线，完成作品。

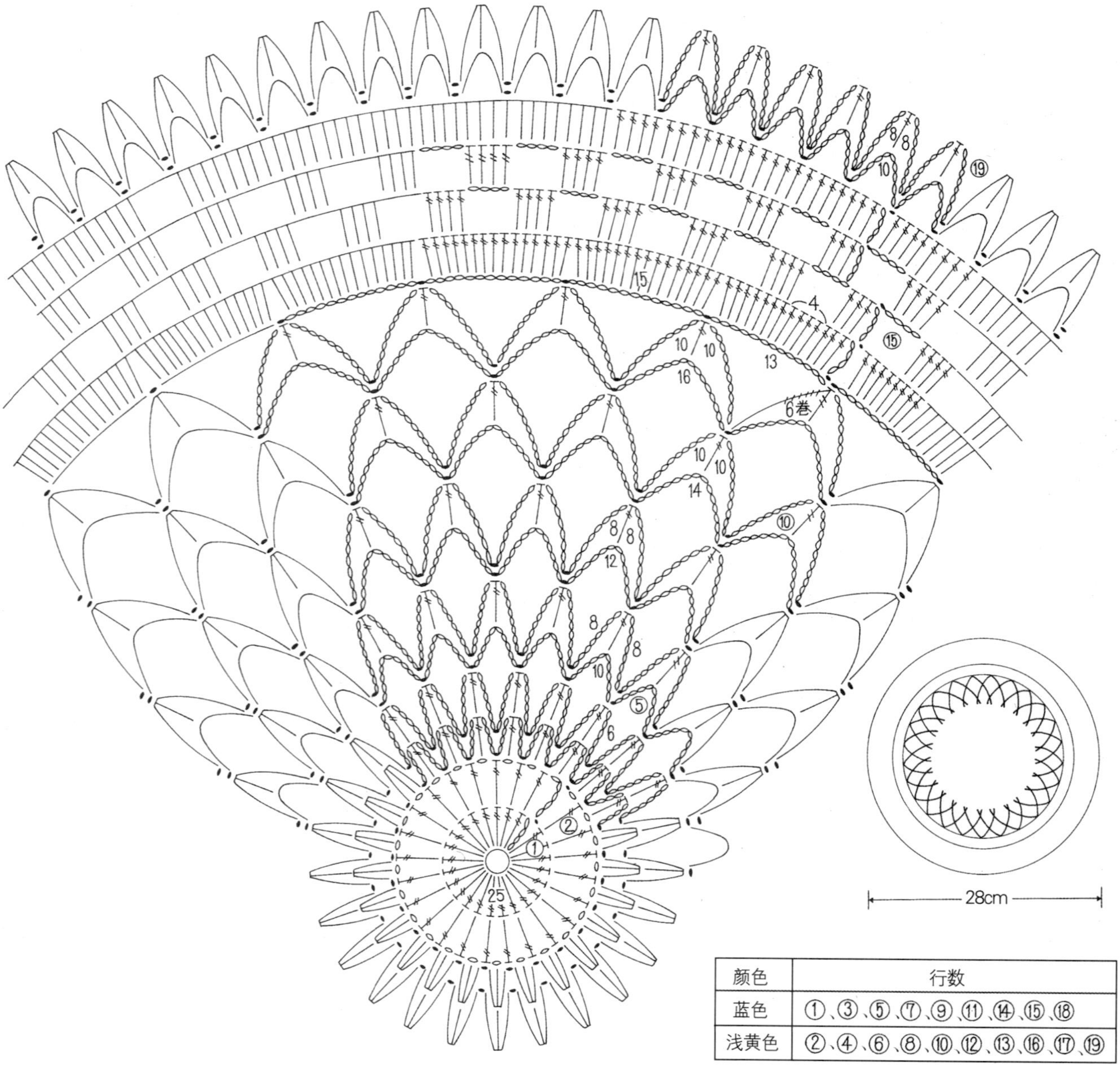

颜色	行数
蓝色	①、③、⑤、⑦、⑨、⑪、⑭、⑮、⑱
浅黄色	②、④、⑥、⑧、⑩、⑫、⑬、⑯、⑰、⑲

32

33页作品

★**材料**　DARUMA蕾丝线40号 黄绿色（4）、绿色（11）、黄色（12）、深粉色（23）、蓝色（44）、驼色（103）、橘色（120）各少许

★**工具**　CLOVER蕾丝针8号

★**成品尺寸**　直径27cm

★**钩织要点**　按照配色表的指定色彩钩织，钩织12针锁针环形起针。第1行…钩织24针短针。第2行…重复8次钩织“1针长长针（含立织的针目）、6针锁针”。第3行…重复钩织“7针锁针的引拔狗牙针2个、7针短针”。之后钩织方法与第2行、3行相同，按照图示针数变换色彩进行钩织。第18行…重复钩织“8针锁针、1针4卷长针、1针锁针、1针3卷长针、1针锁针、1针长长针、2次（10针锁针、5针引拔针）、1针长长针、1针锁针、1针3卷长针、1针锁针、1针4卷长针、8针锁针、引拔针固定、2次（2针短针、1针3针锁针的引拔狗牙针）、1针短针、引拔针固定”，完成作品。

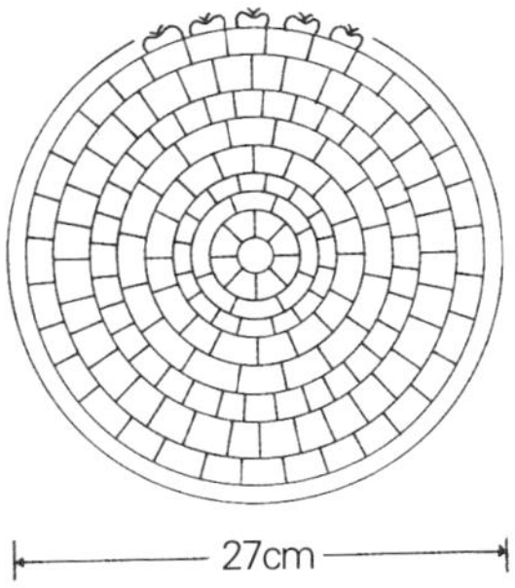

颜色	行数
黄色	①、②、③、⑱
绿色	④、⑤、⑯、⑰
深粉色	⑥、⑦
蓝色	⑧、⑨
橘色	⑩、⑪
黄绿色	⑫、⑬
驼色	⑭、⑮

钩针符号与钩织方法

○ 锁针

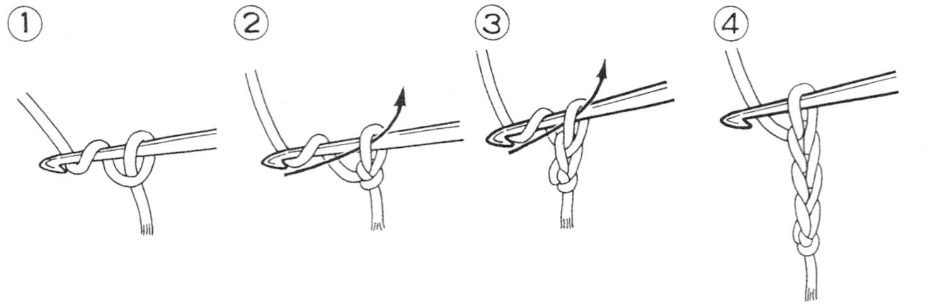

● 引拔针

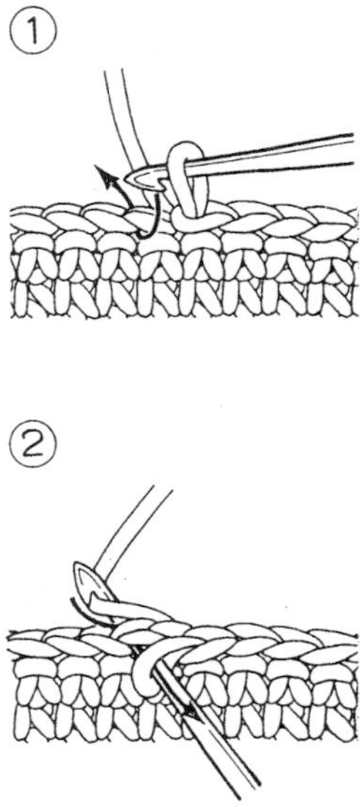

＋ 短针

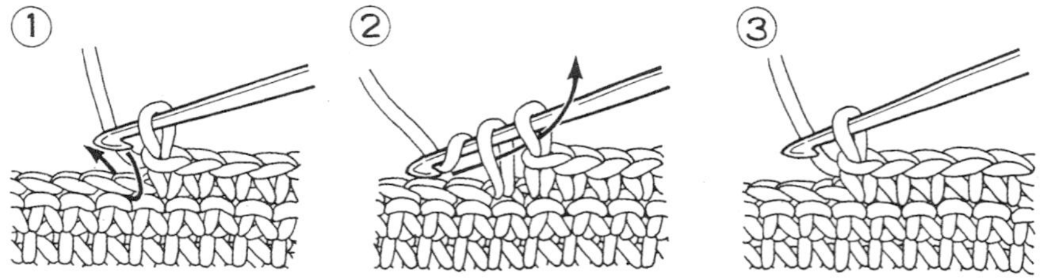

中长针

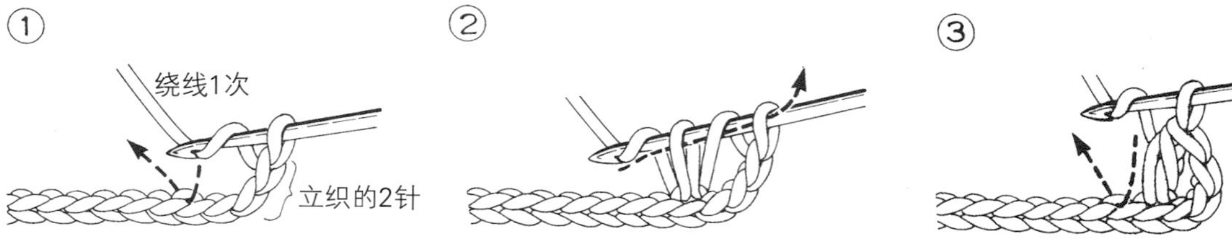

长针

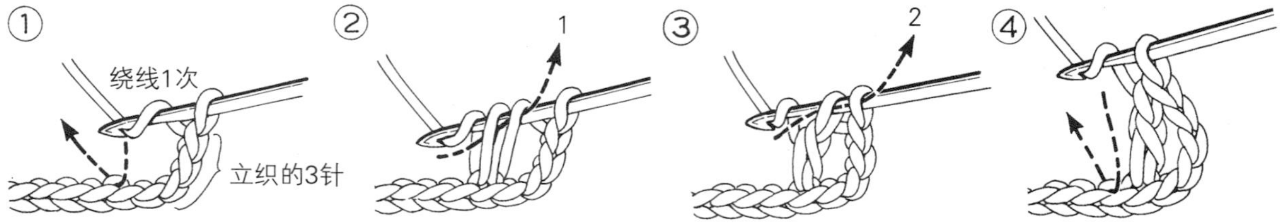

长长针

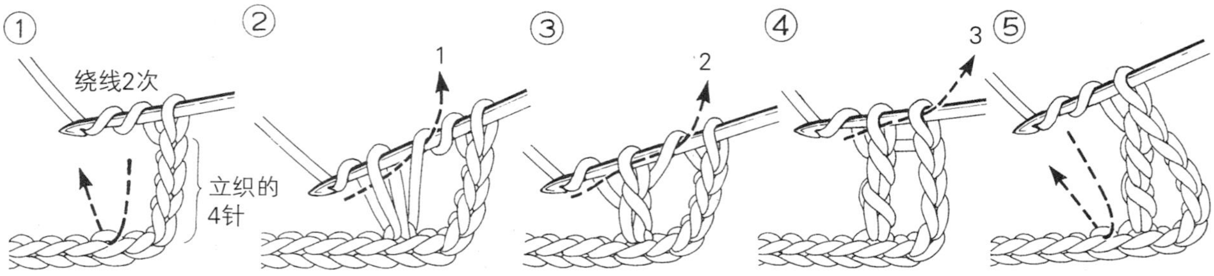

3卷长针

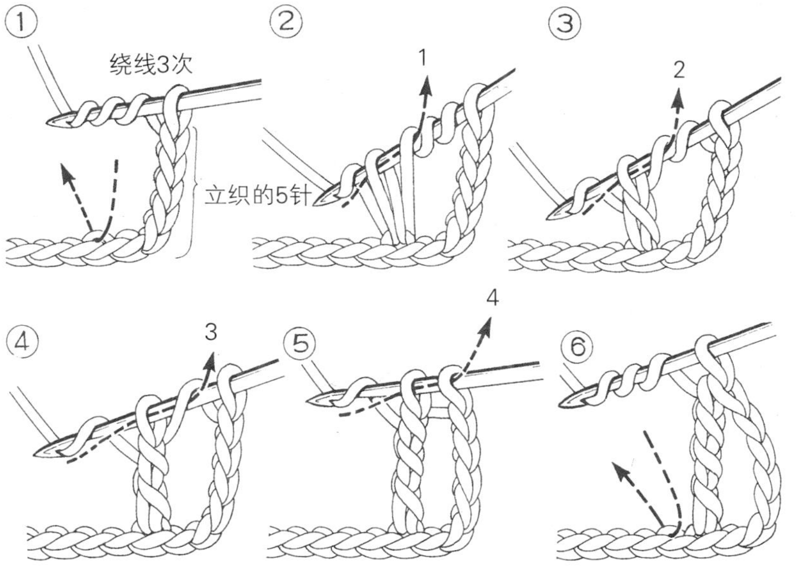

条纹针

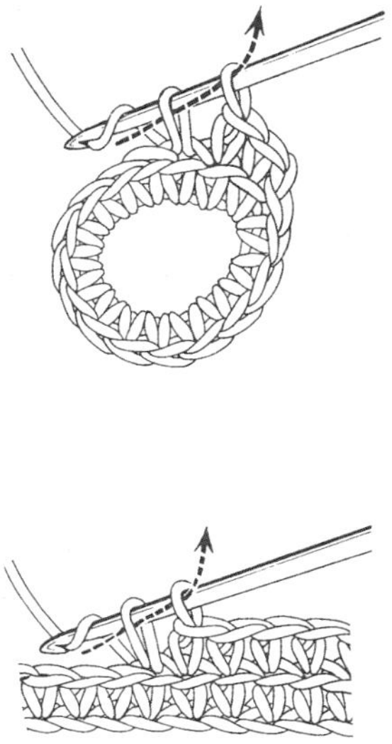

2针长针并1针

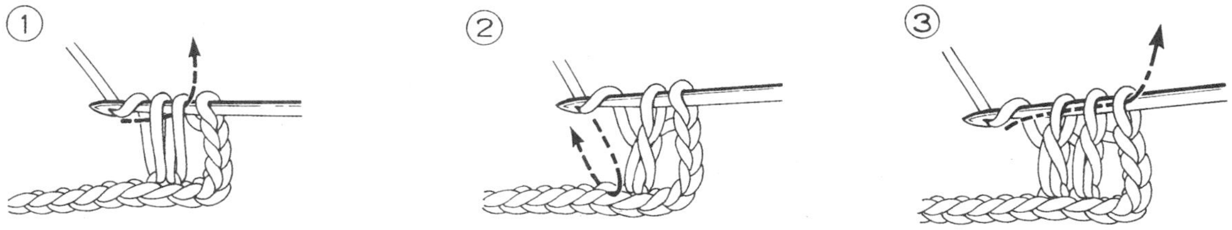

3针长针的枣形针

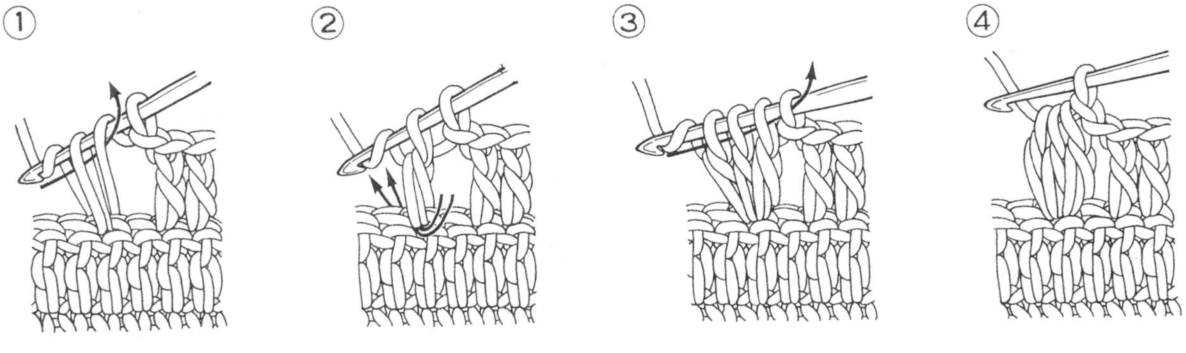

5针长针的爆米花针

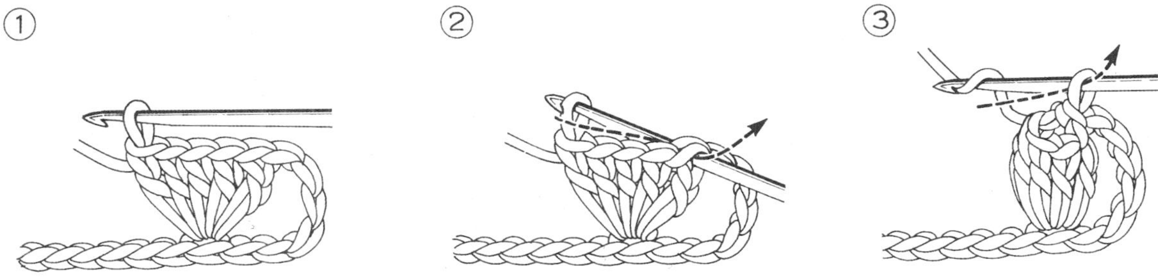

定型整理

蕾丝作品最后的定型整理非常重要，它关系到作品的完美程度。虽然在钩织蕾丝的过程中，我时刻避免针目走形，努力保持花样的美观，但是，若想有完美的收获，还需要在定型整理的时候注意以下事项：

★定型整理前的检查要点

①钩织起点与钩织终点的线头处理。②织片中的线头处理。③有无污渍残留。

★定型整理工具

①熨烫台（为使针目平整美观，使用有弹力、柔软的台板）②熨斗 ③毛巾 ④垫布（③、④均为纯白色）⑤中性洗剂 ⑥喷雾胶水（市售的化学胶水）⑦喷雾器 ⑧定型整理用珠针（勿用带有锈迹的珠针）⑨定型整理用衬纸（牛皮纸之类）

★成品尺寸

钩织方法页的成品尺寸是指经熨烫定型整理后的尺寸。因此，钩织完成的尺寸要比成品尺寸小。

★指示线的画法

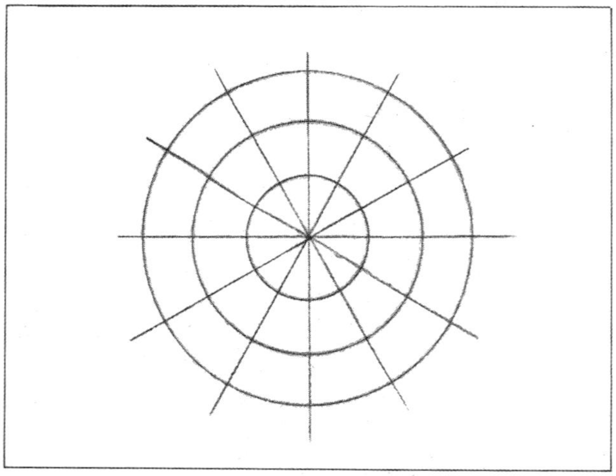

圆…参考成品尺寸画圆。然后按照花样的多少画出分割线。（使用特细油性笔或铅笔，若用铅笔，熨烫时要注意铅粉的脱落）

其他…根据形状画线，与圆的画法相同。

★珠针的固定方法

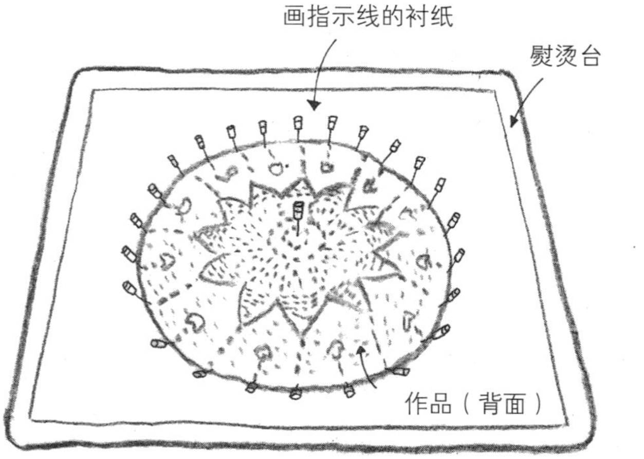

预先用中性洗剂洗净污渍。将作品背面朝上放在衬纸上，首先在中心处固定珠针，然后用力铺展作品，沿着指示线固定珠针，并逐渐密布珠针。在熨烫前去除中心处的珠针。

★熨烫方法

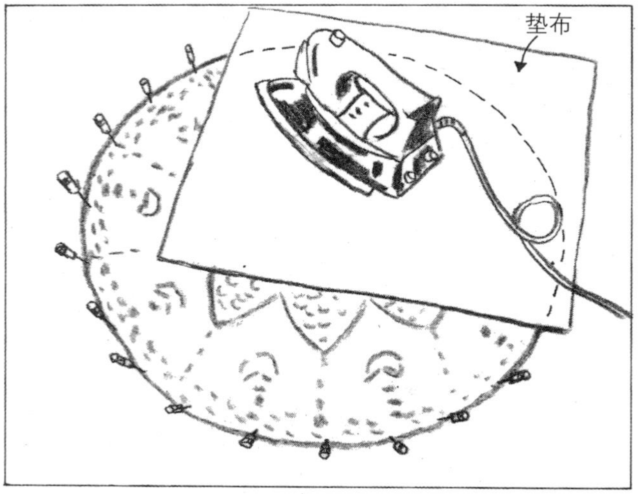

整体喷雾后再喷涂喷雾胶水。铺上垫布，高温熨烫，注意不要让作品焦煳。完全干燥后，去除所有珠针。